Axure RP
案例教程

焦计划　编著

暨南大学出版社
JINAN UNIVERSITY PRESS

中国·广州

图书在版编目（CIP）数据

Axure RP 案例教程 / 焦计划编著 . —广州：暨南大学出版社，2017.6
（中等职业学校计算机网络技术一体化丛书）
ISBN 978 - 7 - 5668 - 2116 - 4

Ⅰ. ①A… Ⅱ. ①焦… Ⅲ. ①网页制作工具—中等专业学校—教材 Ⅳ. ①TP393.092.2

中国版本图书馆 CIP 数据核字（2017）第 112955 号

Axure RP 案例教程
Axure RP ANLI JIAOCHENG
编著者：焦计划

出 版 人：徐义雄
责任编辑：胡艳晴
责任校对：邓丽藤
责任印制：汤慧君　周一丹

出版发行：暨南大学出版社（510630）
电　　话：总编室（8620）85221601
　　　　　营销部（8620）85225284　85228291　85228292（邮购）
传　　真：（8620）85221583（办公室）　85223774（营销部）
网　　址：http：//www.jnupress.com　http：//press.jnu.edu.cn
排　　版：广州良弓广告有限公司
印　　刷：佛山市浩文彩色印刷有限公司
开　　本：787mm×1092mm　1/16
印　　张：11.25
字　　数：250 千
版　　次：2017 年 6 月第 1 版
印　　次：2017 年 6 月第 1 次
定　　价：30.00 元

总　序

计算机网络应用专业是广州市交通技师学院信息工程系的拳头专业，2013 年被纳入国家中等职业教育改革发展示范学校建设辐射专业。在示范校建设过程中，信息工程系通过与企业和周边社区合作，建立技能提升平台和综合职业能力强化平台，构建了工学结合"双平台"人才培养模式；学校、企业、课程专家共同参与，调研分析企业岗位工作任务，开发教学项目，设计项目课程，进一步优化课程结构，建设优质教学资源，构建出项目式一体化课程体系。通过两年的建设，计算机网络应用专业已经成为校企社深度融合的重点专业，在中等职业教育改革发展中发挥引领、骨干和辐射作用。

中等职业教育基于工作过程系统化课程开发模式，所产生的结果就是项目式课程。在课程开发过程中，召开实践专家访谈会提炼出职业岗位群的典型工作任务，经过教育专家的设计转化，形成了以学生为中心、以任务为载体的学习领域，目前已有多个学习领域构建出专业课程方案。显然，传统的学科式教材已经不能满足该类课程的需要。2013 年 4 月，信息工程系成立由 2 名专业带头人、12 名骨干教师组成的教材开发团队，通过 1 年多的不懈努力，编写出 8 本项目式校本教材。经过 6 个教学班级试用，开发团队发现，师生对教材反应良好，具有推广价值。经过各位老师进一步修订后，最终形成本套丛书并出版发行。

本套网络技术系列教材共有 2 册，分别为《Axure RP 案例教程》和《HTML5 案例教程》。其中《Axure RP 案例教程》由焦计划编写；《HTML5 案例教程》由焦计划主编，陈活、刘勇强副主编。

由于时间和精力所限，本套丛书中可能存在一些疏漏甚至错误，请各位专家和读者批评指正，望能及时联系作者或者出版社，我们将尽快修正。

丛书编写组
2017 年 1 月

目 录

第十二章　打分评价效果制作

第十三章　威锋网导航效果制作

第一章　Axure RP 简介

1. Axure RP 是什么

Axure RP 是美国 Axure Software Solution 公司的旗舰产品，是一个专业的快速原型设计工具，Axure（发音：Ack – sure），代表美国 Axure 公司，RP 则是 Rapid Prototyping（快速原型）的缩写。Axure RP 让负责定义需求和规格、设计功能和界面的用户能够快速创建应用软件或 Web 网站的线框图、流程图、原型和规格说明文档，它能快速、高效地创建原型，同时支持多人协作设计和版本控制管理。

Axure RP 已被一些大公司采用。Axure RP 的用户主要包括商业分析师、信息架构师、可用性专家、产品经理、IT 咨询师、用户体验设计师、交互设计师、界面设计师等，另外，程序开发工程师等也在使用 Axure RP。

图 1 - 1　Axure RP 界面

2. 讠人讠只 Axure RP 界面

2.1 菜单栏与工具栏区

菜单栏与工具栏区是 Axure RP 的功能区域，Axure RP 所有的功能命令和常用命令的快捷操作均位于此处。一些常用的操作有：

（1）重置视图。用户在使用 Axure RP 的过程中不小心关闭了某些窗口，可以使用此命令恢复到 Axure RP 的默认视图状态，从"视图"菜单选择"重置视图"命令即可。

（2）发布命令。发布菜单包括预览、生成等命令，是项目设计过程中常用的命令。该命令在菜单栏和工具栏上均有显示，如图 1 - 2 所示。

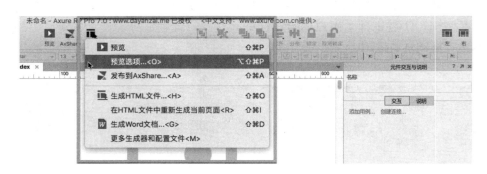

图 1 - 2　发布菜单

（3）元件布置。设置元件的层次关系、组合关系，设置多个元件之间的对齐方式等，如图 1 - 3所示。

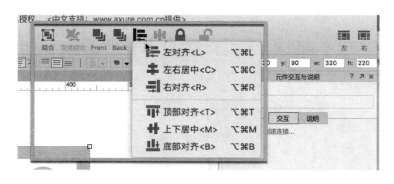

图 1 - 3　元件布置工具

（4）视图模式。视图模式包括相交、包含、连接三种模式。在相交模式中，只要元件的任意部分包含在鼠标拖选的范围内，元件即被选中；在包含模式中，只有被鼠标拖选全部包含的元件才被选中；在连接模式中，拖动鼠标产生连接线，可以将任意的元件用线条连接起来，如图1-4、1-5所示：

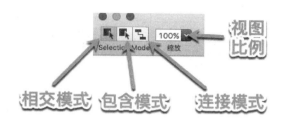

图1-4　视图模式命令

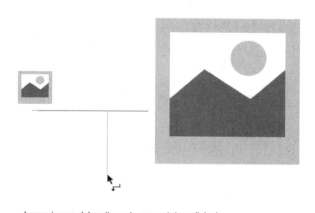

图1-5　连接模式

2.2　站点地图区

站点地图区主要用来组织页面之间的关系，实现添加、删除页面等操作，便于用户管理各类页面。常用的操作有：

（1）添加、删除页面。使用面板工具或者快捷菜单，均可添加、删除各类页面和文件夹，如图1-6所示。

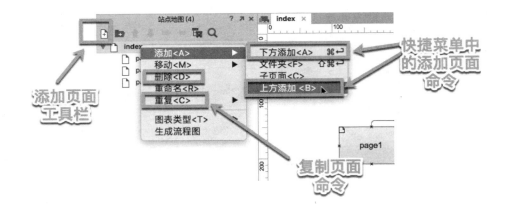

图 1 - 6　添加、删除页面命令

（2）页面层次组织。页面层次组织包括页面的上下位置移动、内外层级移动，通过命令可以将页面放置在任意位置和任意层级；同时，还可以添加文件夹将页面分类管理，如图 1 - 7 所示。

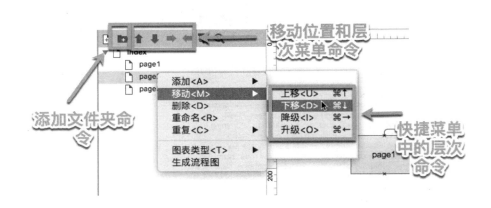

图 1 - 7　页面位置和层级管理

（3）生成流程图。右键快捷菜单中的"生成流程图"命令，可以将网站页面之间的逻辑结构用流程图表示出来，如图 1 - 8 所示。

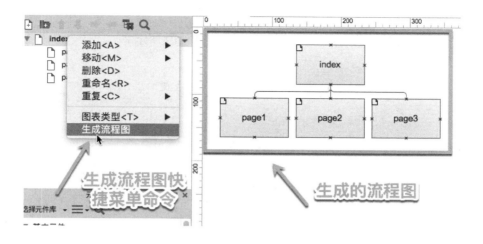

图 1-8　生成流程图

2.3　元件库区

元件是 Axure RP 中的重要概念，也是制作各类原型的基础。具有特定外观和一定功能，能响应用户各种操作的功能集合就是一个元件。Axure RP 自带的元件有基本元件、表单元件、菜单表格元件、流程图元件等。同时，也可以自定义元件或者安装第三方发布的各类元件。元件库管理区的常用操作有：

（1）选择元件库。从元件库面板中选择"选择元件库"菜单，可以根据类别选择要显示和使用的元件，如图 1-9 所示。

图 1-9　选择元件库

（2）安装第三方元件库。从元件库工具栏中点击"选项"命令，从弹出的下拉菜单中选择"载入元件库"命令，即可安装下载好的元件库，如图1-10所示。

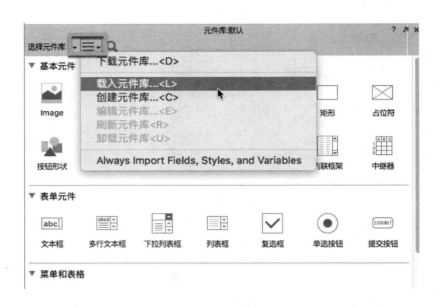

图1-10　安装第三方元件库

（3）元件的基本使用。页面原型由各种不同的元件组成，元件的基本使用包括元件的插入、复制、删除、叠放层次、组合操作。

①插入元件。Axure RP中插入元件采用拖放的方式，如图1-11所示。

图1-11　插入元件

②复制元件。按住 Alt 键，拖动元件即可完成复制操作，如图 1-12 所示。

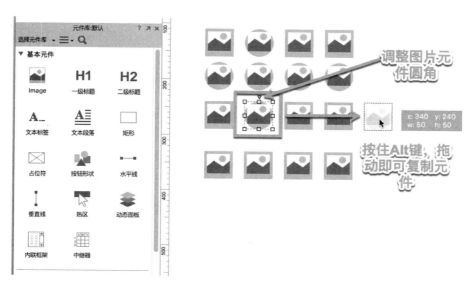

图 1-12　复制元件

③删除元件。选中要删除的元件对象，按键盘 Delete 键，即可删除选中的元件对象。

④设置元件叠放层次。选中元件，鼠标右键弹出快捷菜单，下移至"顺序"，弹出下一级命令，执行即可移动元件的层次，如图 1-13 所示。

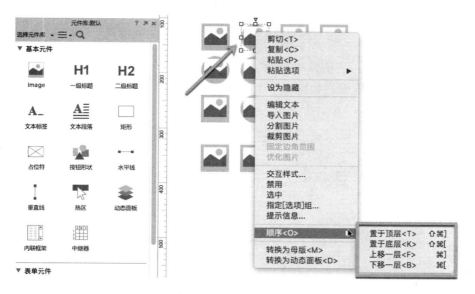

图 1-13　设置元件叠放层次

⑤组合元件。将不同的元件组合在一起，既方便移动操作，也可以避免位置的误操作；同时，组合在一起的元件共享事件及事件用例，减少用户操作。拖动鼠标，选中要组合的元件集

合，右键弹出快捷菜单，选择"组合"命令即可完成元件的组合操作。

2.4 页面属性区

页面属性区一般放置在线框图编辑区下方，主要用来设置页面的整体外观和行为。例如设置页面背景颜色、页面对齐方式、页面全局性事件等。常用的操作有：

（1）页面整体样式设置。包括设置页面背景图片、背景图片重复方式、页面背景颜色、页面对齐方式等，如图 1 - 14 所示。

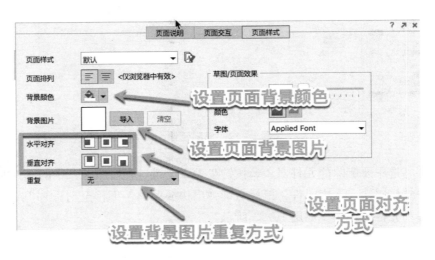

图 1 - 14 页面整体样式设置

（2）全局页面交互设置。主要设置页面载入时、滚动时、视图窗口大小调整时等事件的用例，如页面载入启动时钟设置等，如图 1 - 15 所示。

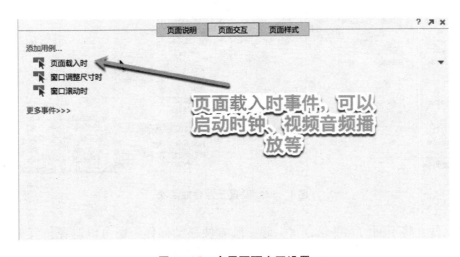

图 1 - 15 全局页面交互设置

2.5　元件交互与说明区

　　元件交互与说明区是使用较为频繁的区域，各类元件的人机交互功能均在此区域。人机交互主要是指元件响应用户的各类操作。常用的操作有：

　　（1）元件命名。为每一个拖入的元件都起一个易于辨别的名字是一个良好的操作习惯，当界面元素数量较多时，起名字是非常必要的。元件名既可以使用英文字母和数字，也可以使用中文，如图1－16所示。

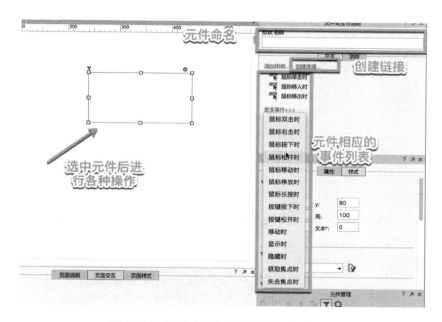

图1－16　元件交互与说明区界面功能分布

　　（2）添加用例。用例就是元件相应各种事件所进行的操作，常用的事件包括鼠标单击、鼠标移入/移出、获取（失去）焦点、显示/隐藏等。点击各类事件即可进入用例编辑状态，如图1－17所示。

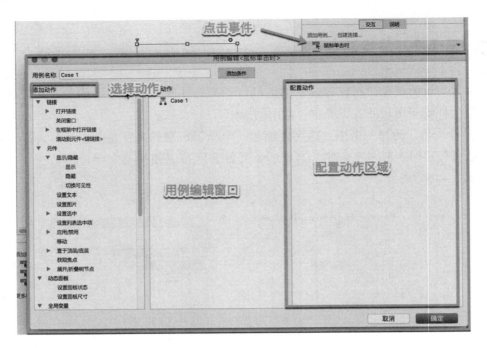

图 1 – 17　用例编辑窗口

（3）创建超级链接。超级链接是网页中最常见的元素，用户在 Axure RP 中，可以方便地为文字、图片、形状等各类元素创建超级链接，如图 1 – 18 所示。

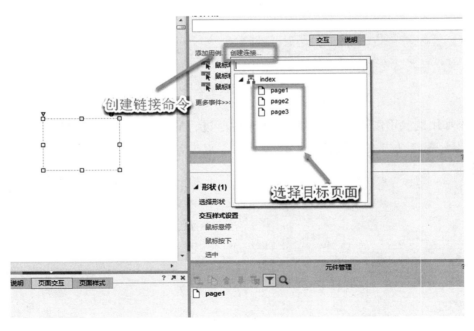

图 1 – 18　创建超级链接

2.6 元件属性与样式区

元件属性与样式区主要用来设置元件的位置、大小、颜色、形状、阴影等属性和样式，以及简单的鼠标交互样式。常用的操作有：

（1）设置形状。更改形状元件的外观，构建选项卡等网页页面，如图 1 - 19 所示。

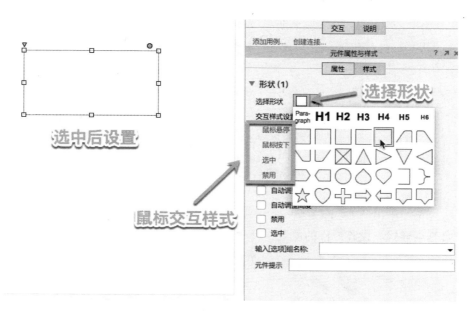

图 1 - 19　设置形状元件的外观

（2）设置交互样式。为吸引用户注意力，对超级链接、图片等网页元素，鼠标悬停、离开、移入时，在颜色、大小等属性上可以设置变化，如图 1 - 20 所示。

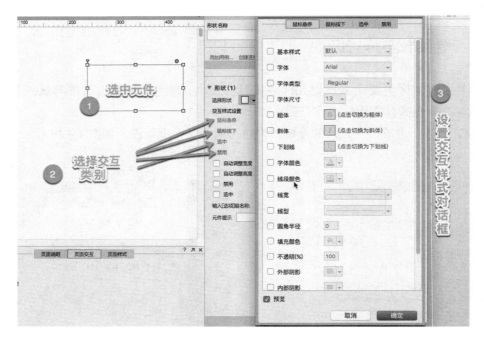

图 1-20　设置交互样式

（3）设置基本样式。设置元件的位置、尺寸、边框、填充效果、字体等基本样式，如图1-21所示。

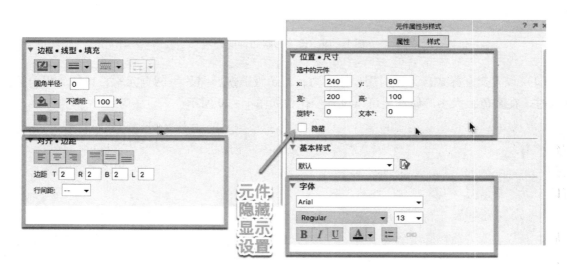

图 1-21　设置基本样式

3. 拓展阅读：常见原型制作工具

3.1 Mockplus（摩客）

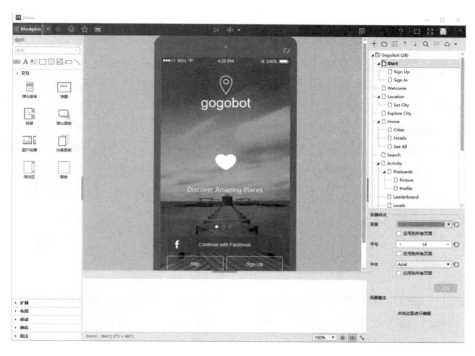

图 1-22　Mockplus 界面

　　Mockplus 是一款简捷高效的原型设计工具，有别于 Axure RP 的繁复，Mockplus 致力于快速创建原型。无论你是产品小白还是大牛，Mockplus 都能满足你的需求。Mockplus 的设计理念就是关注设计，而非工具。如果你时间有限，那你不能错过 Mockplus，因为几乎不需要学习，你就可以上手这款工具。

　　Mockplus 提供了丰富的组件库和图标库，创建原型，你只需拖一拖。Mockplus 发布 V2 版本之后，交互也成为其一大亮点，它将交互设计可视化，只需要拖一拖鼠标，即可完成交互的设计，所见即所得，没有复杂的参数，更无须编程。封装好的一些系列交互组件，比如弹出面板、抽屉、内容面板等，让设计交互几乎可以全程"无脑"操作。演示也很简单，直接扫描二维码即可，同时支持发布到云和导出演示包。

　　Mockplus 的产品理念是"关注设计，而非工具"。将拿来就上手，上手就设计，设计就可以表达创意。从设计上，采取了隐藏、堆叠、组合等方式，将原本复杂的功能加以精心安排，上手很容易。但随着你的使用，功能层层递进，你会发现更多适合自己的有用功能。新手不会迷感，熟手也能够用。其特色功能如下：

审阅协作。创建原型图、邀请、批注图钉，之后就可以协同工作了。所有的讨论、意见、版本，都会保留（国内独有，国外同类产品独有）。

无缝真机预览。可直接实现设计和移动设备之间的通信，直接预览，不需要任何第三方设备。在设计过程中，设计者拿出手机就可以随时和 Mockplus 对接，将原型传递到移动设备，观察原型在移动设备中的真实状态（国内独有，国外同类产品独有）。

素描风格（国内独有）。其拥有 200 多个组件和海量图标，全部支持手绘素描风格。它强调传递一种设计原则，即"我这是草图，仅仅是原型，不是最终的产品，需要你的确认"。这对于团队内部交流及与客户沟通都非常重要。

基于组件的交互。视觉上定位于低保真，但致力于高保真的组件交互能力。表达交互时依然能够准确、完整，并同样容易上手。Mockplus 支持基于页面的交互和动画效果。Mockplus V2 版本，将支持基于组件级别的交互和动画，可即时观察交互效果，大大降低学习成本（国内独有，国外同类产品独有）。

模版重用。支持模版功能，可以把当前的设计存入模板库，下次使用时，直接拖入工作区即可。模版还可以分享到团队的其他成员以及 Mockplus 所有注册用户，从而提高整个团队乃至所有用户群的生产力。Mockplus V2 版本支持组件、页面、图片素材三个方面的模板和循环利用（国内独有）。

3.2　Flinto

Flinto 可以让用户快速为 Web、移动 App 设计交互。通过拖曳，可以快速地为设计图设置跳转和动画。Flinto 提供了常用的转场效果，如果你需要设计 iOS App 的交互演示效果，Flinto 是不错的选择。

图 1 - 23　Flinto 网页版界面

3.3 OmniGraffle

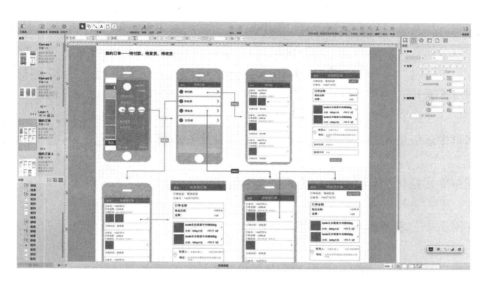

图 1 - 24　OmniGraffle 界面

OmniGraffle 是美国 The Omni Group 制作的一款原型设计工具，这款工具只针对苹果用户，有 OSX 版和 iOS 版，曾获得 2002 年的苹果设计奖。它可以快速绘制线框图、图表、流程图等。用 Origami 创建 iPhone 和 iPad 原型是比较好的选择。

OmniGraffle 可以用来绘制图表，如流程图、组织结构图以及插图，也可以用来组织头脑中思考的信息，组织头脑风暴的结果，绘制心智图，作为样式管理器，或设计网页、PDF 文档的原型。它具有采用拖放的所见即所得界面。所谓的"Stencils"———一组用于拖放的形状———可以作为 OmniGraffle 的插件使用，用户也可以创建自定义的 Stencils。

在很多方面，OmniGraffle 都类似于 Microsoft Visio。OmniGraffle 专业版可以利用 Visio 的 XML 导出函数以导入/导出 Visio 的 XML 文件。OmniGraffle 5 也可以直接打开 Visio 默认的二进制 . vsd 文件。然而，OmniGraffle 不提供 Visio 包含的 CAD 功能，因为它缺乏类似于导入/导出 DWG 或 DXF（AutoDesk 文件格式）的功能。

OmniGraffle 可以输出 PDF、tiff、png、jpeg、eps、HTML 图像映射、svg、Visio XML Photoshop 和 bmp 等一系列文件格式。OmniGraffle 使用苹果的 XML schema 格式的 plist 存储数据，其扩展名为 . graffle。

OmniGraffle 使用称为 Quartz 的 Mac OSX 的图形层，并利用了其反锯齿、平滑缩放、透明拖放阴影等一系列特性。OmniGraffle 4 增加了贝塞尔形状，基于文本的可继承的图表等功能。OmniGraffle 5 增加了贝塞尔连接线。

■ 4. 课后习题

（1）为什么需要为网站或 APP 设计原型？

（2）微软公司 Visio 软件也可以制作原型图，请列出 Axure 和 Visio 两者之间的差异。

（3）网页中常用的图片文件格式有哪些？请列出一个能快速修改图片尺寸的工具。

（4）网页中超级链接的标签格式是什么？超级链接的作用有哪些？

（5）网页中标题标签有哪几个？主要用途有哪些？

（6）在网页中，段落标签的表示方式是什么？主要用途有哪些？

（7）在 Axure RP 中，热区元件的作用是什么？

第二章　导航栏原型制作

▍ 1. 导航栏

在网页设计中有一些通用的交互设计模式，网站导航各种各样的通用的设计模式，可以用来为网站创建有效的信息架构基础。本章内容涵盖了流行的站点导航设计模式。对于每一种网站导航栏设计模式，我们将讨论它的一般特征、不足，以及什么时候使用它最好。

1.1　顶部水平栏导航

顶部水平栏导航是当前两种最流行的网站导航菜单设计模式之一。它最常用于网站的主导航菜单，且通常地放在网站所有页面的网站头的直接上方或直接下方。顶部水平栏导航设计模式有时伴随着下拉菜单，当鼠标移到某个项上时弹出它下面的二级子导航项，导航项是文字链接、按钮形状，或者选项卡形状，顶部水平栏导航通常直接放在邻近网站 Logo 的地方，位于折叠之上，如图 2 - 1 所示。

图 2 - 1　顶部水平栏导航

1.2　侧边（竖直）栏导航

侧边栏导航的导航项被排列在一个单列，一项一项地纵向排列着。它一般在左上角的列上，在主内容区之前——根据一份针对从左到右阅读习惯的导航模式的可用性研究，左边的竖直导航栏比右边的竖直导航栏效果要好。侧边栏导航设计模式随处可见，几乎存在于各类网站上。这有可能是因为竖直导航是当前最通用的模式之一，可以适应链接数量很多的情况。它可以与子导航菜单一起使用，也可以单独使用，它很容易用于包含很多链接的网站主导航。侧边栏导航可以集成在几乎任何种类的多列布局中，如图 2 - 2 所示。

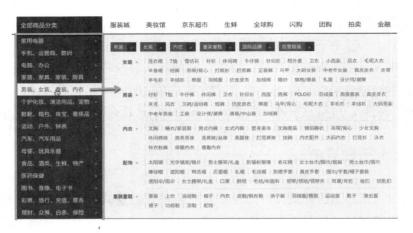

图 2 - 2　京东侧边栏导航

1.3　选项卡导航

选项卡导航比起其他类别的导航有一个明显的优势：对用户有积极的心理效应。人们通常把导航与选项卡联系在一起，因为笔记本或资料夹中的选项卡和导航，都可以切换到一个新的章节或网页，如图 2 - 3 所示。

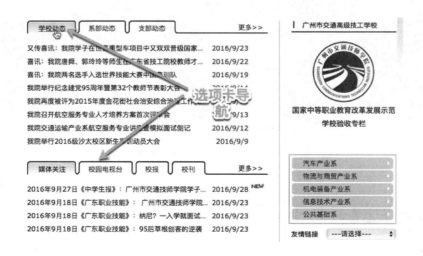

图 2 - 3　选项卡导航

1.4　面包屑导航

"面包屑"的名称来源于 Hansel 和 Gretel 的故事，他们通过沿途撒下的面包屑找到回家的路。面包屑导航是二级导航的一种形式，辅助网站的主导航系统，对多级别具有层次结构的网站特别有用。它们可以帮助用户了解当前自己在整个网站中所处的位置。如果用户希望返回到某一级，只需要点击对应的面包屑导航项即可，如图 2 – 4 所示。

图 2 – 4　面包屑导航

▌ 2. 水平菜单导航栏的制作过程

使用 Axure RP 的文本标签、形状、热区、表格等工具均能实现上述导航效果，下面以使用其菜单元件制作导航为例演示制作方法，具体的步骤如下：

步骤 1：启动 Axure RP pro 7.0，新建项目。元件库面板保持默认，滚动鼠标找到"菜单和表格"分类。拖动一个水平菜单元件到 index 页面中，如图 2 – 5 所示。

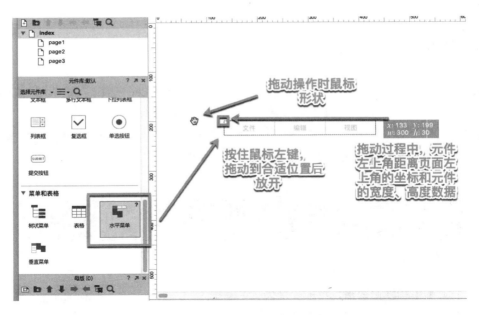

图2-5　页面插入水平菜单元件

步骤2：拖入的水平菜单默认有三个菜单项，选中最后一个菜单项，在元件属性与样式区切换到属性面板，使用"后方添加菜单项"命令，为水平菜单再添加三个菜单项，如图2-6所示。

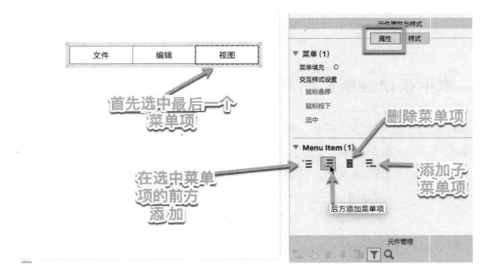

图2-6　添加菜单项

步骤3：双击菜单项，将六个菜单项显示的文本依次修改为"首页""学院文化""开设专业""招生就业""校企合作""校园生活"，如图2-7所示。

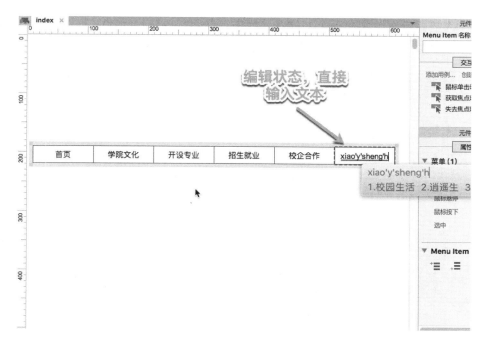

图2-7 编辑菜单项文本

步骤4：选中"学院文化"菜单项目，在属性面板中，选择"添加子菜单"命令，为"学院文化"默认添加包含三个菜单项的子菜单；选中"学院文化"子菜单，在属性面板中，选择"后方添加菜单项"命令，为子菜单再添加两个菜单项，如图2-8所示。

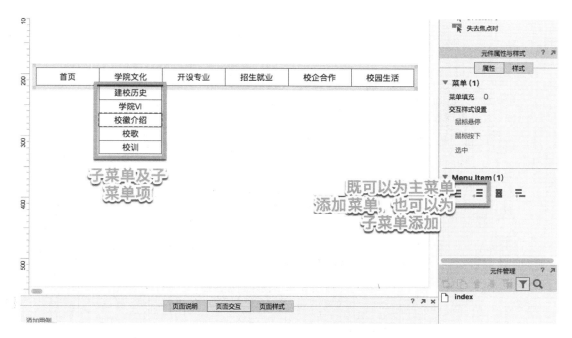

图2-8 添加子菜单项

步骤5：选中"首页"菜单项，在样式面板中，将其宽度修改为60，如图2-9所示。

图2-9 修改菜单项的宽度

步骤6：选中"首页"菜单项，在交互面板中，点击"创建连接"命令，选择"page1"页面。将菜单项均指向page1，如图2-10、2-11所示。

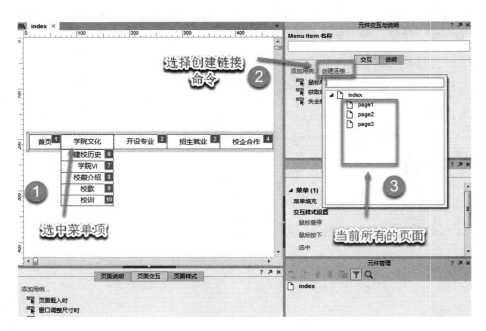

图2-10 为菜单项创建超级链接

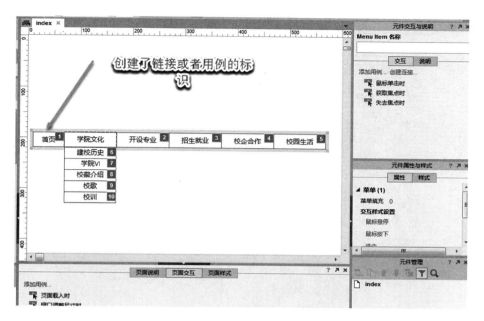

图 2 – 11　创建超级链接效果

步骤 7：保存项目，按 F5 快捷键预览菜单效果，如图 2 – 12、2 – 13 所示。

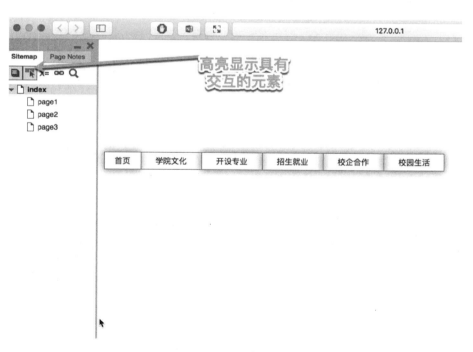

图 2 – 12　预览效果

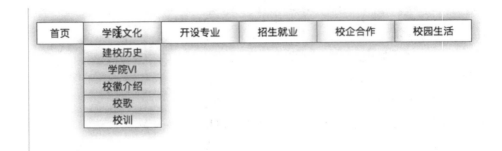

图 2 - 13　预览效果

3. 操作技巧

Axure RP 菜单元件默认是有边框的，为使导航栏美观，一般将边框去掉，具体操作方法如图 2 - 14 所示。

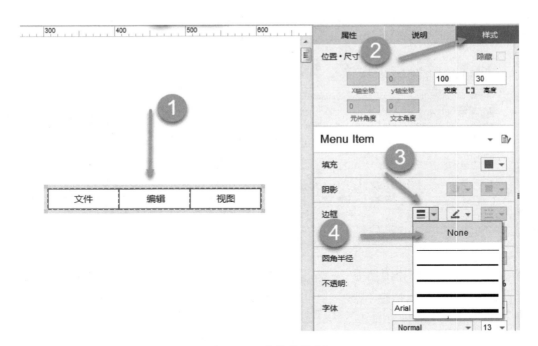

图 2 - 14　去掉菜单边框

▌ 4. 拓展阅读：网站信息架构

从信息流的角度来看，产品设计需完成"数据→信息→知识→智慧"这个传递链。信息正好处在数据和知识之间混乱的地带，产品的每个功能通过内容来实现产品目标/满足需求，所以我们需要将信息结构化，从而向用户传递有意义的信息/知识，依据产品功能/内容范围列出内容需求清单，然后将数据结构化为有意义的信息，将信息的生产、传播、消费融入功能之中，最后设计出导航系统。

4.1　信息架构组成

网站的信息架构可以分为元素、关系和传递三部分。

①元素即信息单元是什么，由谁产生，如何更新，有哪些自有的和附加的属性/元数据，它们如何描述信息，如何在信息存取过程中发挥作用。

②关系即产品骨架，数据如何产生、如何分类、如何组织、如何流动、如何发生关系。

③传递即产品是否成功传递信息，使用者在哪里通过什么方式获得信息，界面对信息的描述、指示和引导是否充足有效。

4.2　信息架构要做的事

①设计结构——决定网站信息单元的粒度，以及信息单元的相对大小或粗糙程度。

②决定组织方式——将组件组合成有意义而且各有特色的类别，分为组织体系（内容条目之间共享的特性）和组织结构（内容条目和整体之间的关系类型）两个问题。

③制定标签——如何称呼这些类别，并由标签设计出导航系统。

4.2.1　设计结构

确定粒度：从战略层的产品目标到表现层的信息表现，信息单元的粒度在逐渐变小，最后到达字段这一级别。

信息清单：数据库的 ERD 方法，先确定实体清单，即《交互设计沉思录》中所说的 concept matrix；然后逐步细化找出信息节点/内容和元数据内的模式与关系；最后通过元数据和实体来建立字段清单和信息节点，并且理清各实体自然关系。

4.2.2　决定组织方式

1. 组织方式

组织方式是以用户为中心来组织元数据，将以实体为中心的信息结构改为以用户为中心的信息结构，分为组织体系和组织结构。分类的标准、定义内容条目之间共享的特性会影响这些条目的逻辑分组方式，不同的层级、功能其分类依据可能会不一样。

精确性组织体系：可以将信息分成定义明确、互斥的区域。常见的是按字母顺序、按年表、按地理位置排序；以及从"如何描述这个物品"角度产生分面分类法，通常遵循 MECE 原则。

模糊性组织体系：依赖的是体系构建的质量，以及体系内个别条目摆放的位置。常见的类型有按主题、按任务和按用户三种类型。按主题设计时需要定义好内容的范围，注意涵盖面的广度；按任务设计时需将内容和应用程序组织成流程、功能或工作的集合；按用户设计时，虽然用户群可以界定得比较清楚，可以提供很好的个性化服务，但模糊性依然存在，对系统"猜测"的要求很高。

2. 组织结构

组织结构用于定义内容条目和群组之间的关系类型。依据用户场景、功能（内容）、用户的心智模型来分解产品目标，使得产品分解后不同功能模块之间区分度足够高，让用户清楚什么场景使用哪些模块；同时在每个功能模块内，通过维度属性来进行功能的分类，使得用户的期望持续得到满足，当功能维度属性一样的时候，用户会感觉很流畅，不会感觉到有跳跃性。例如高级用户打算进行一些复杂操作时，他对复杂是有预期的，当用户只是进行常规行为时，如果突然要使用一个复杂操作，用户使用产品流畅的状态会被打破。内容上前后一致、紧密性强，功能上是前后在一个流程线上，例如同级（桌面导航）功能归属于同一个父节点。

架构组织的方法是从上到下地拆分或者从下到上地聚合。常见结构类型有：

①层级结构：自上而下的分类，类别互斥（在排他性和包容性之间取得平衡），平衡宽度（每一层选项数量）和深度（层级数）。

②数据库模式：自下而上的做法，使用受控词表的元数据为文件和其他信息对象打上标签，就可以进行有力的搜索、浏览、过滤以及动态链接。

③中心辐射结构：核心、里层、外层，是一种特殊的层级化，一个节点只有一个子节点。

④矩阵结构：对应如 SWOT 分析类的多维度分析和节点连接。

⑤自然结构：对应漫游思维。

⑥线性结构：如路径图、时间线是线性结构的例子；超文本系统可用于情景式导航。

4.2.3 制定标签

信息架构把一个结构应用到我们设定好的"内容需求清单"之中，导航设计是让用户看到那个结构的镜头。导航系统更多的是线索，用户通过这些线索可以在结构中自由穿行。通用原则是尽量窄化范围，开发一致的标签系统而非标签。一致性很重要，因为它代表的就是可预测性，当系统可预测时，就容易学习。影响一致性的因素有风格、版面形式（字体、字号、颜色、空白、分组方式等）、语法（动宾、问句）、粒度、理解性（没有重要的遗漏）、用户等。内容必须语义清晰，使用用户熟悉的语言。主干路径应该清晰：产品的主要功能架构是产品的骨骼，它应该尽量保持简单明了，不可以轻易变更，否则会让用户无所适从。次要功能丰富主干，不可以喧宾夺主，应尽量隐藏起来，而不要放在一级页面。

常用方法：①从已有内容中抽取（慢，费力）。②要求内容作者为内容建议标签。③找用户代言人或主题专家（SME）。④直接来自用户（如卡片分类，对小群标签如导航比较适用，自由列表）。⑤间接来自用户（如 jQuery 日志分析、标签分析）。

4.3 信息架构的好处

信息架构为内容提供了情境，告诉用户位置所在；协助用户移动到其他关系紧密的网页；协助用户以层级方式（结构和目录）和情境方式（相关内容和功能）在网站内移动；让用户可以操控内容以便浏览（如筛选和排序）；让用户知道可以去哪里找到基本服务（如登录和帮助）。

区域导航系统：严格的层级结构中可能只提供一个页面的父节点、子节点，如果信息架构反映了用户对整个网站内容结构的思路（这也是用户心智模型，要帮助用户理解网站内容），那么局部导航是非常合适的。

体现自然结构的导航：主要提供到兄弟节点"中间页"，提供专递，几乎全部是链接，如知乎、微信个人页面。（非常能满足浏览式的用户场景）

情境式导航系统：用链接统一连向相关内容，通常内嵌在文字内，一般用来链接网站中高度专业化的内容。"内联导航"是嵌入页面内容的一种导航，如页面文字中的链接，如订单中的快递信息。

其他独立于功能和信息的导航：友好导航、网站地图、索引表，常常为非必要的特殊目的去设计网站地图/目录，提供搜索信息的帮助和搜索界面。

▎ 5. 课后习题

（1）请说出导航栏的作用。

（2）请说出网站主页的作用。

（3）使用 Axure RP 制作顶部水平栏导航条，可以使用哪些元件？

（4）什么是响应式网站设计？

（5）确定导航栏的宽度、高度等尺寸的依据是什么？

（6）什么情况下需要使用面包屑导航？

（7）导航条上的元件一般需要响应鼠标的什么事件？

（8）在 Axure RP 中，用例的作用是什么？

第三章　网站焦点图制作

1. 焦点图

网站焦点图是网站内容的一种展现形式，简单来说就是让一张图片或多张图片展现在网页上很明显的位置，用图片组合的形式播放，类似焦点新闻的意思，只不过加上了图片。一般多用在网站首页版面或频道首页版面，因为是通过图片的形式呈现，所以视觉吸引力较强，容易吸引访问者的点击。据国外的设计机构调查统计，网站焦点图的点击率明显高于纯文字，转化率也高于使用文字标题的五倍。

焦点图必须有图片，不然纯文字的形式就是焦点文字或焦点新闻。

①JS 焦点图：使用原生态的 JS 代码实现的焦点图，样式相对单一，借助 CSS 可实现多样的风格。

②Flash 焦点图：使用 Flash 设计或用 Flash AS 编程设计的焦点图。该焦点图的优点是字体展现效果佳，比纯网页形式更具有美感，缺点是不利于 SEO 与引擎的抓取。

③CSS 焦点图：网页设计现在流行 HTML + CSS 设计，CSS 焦点图就是这样而来的，很多情况下需要结合 JS 代码实现。

④jQuery 焦点图：现在很流行的实现方式，逐步取代 JS 原生态的焦点图，因为 jQuery 焦点图的代码书写简单，借助 jQuery 的类库很容易实现常见的 JS 焦点图效果，而且代码少，不过需要使用者有一定的网页设计基础。

图 3 - 1、3 - 2、3 - 3、3 - 4 所示为主流网站焦点图效果。

图 3 - 1　CCTV 焦点图效果

图 3 - 2   当当网焦点图效果

图 3 - 3   京东焦点图效果

图 3-4　威锋网焦点图效果

焦点图基本要素包括三项：

①图片：根据网站需要，准备图片若干张，图片的尺寸要一致，格式不限，可以使用 jpg、gif 或者 png 格式的图片；

②导航指示标志：一方面用来标识当前显示图片，另一方面用来在焦点图之间进行切换；

③导航链接地址：当用户点击焦点图时显示的网址地址。

2. 广州市交通技师学院网站焦点图的制作过程

图 3-5　广州市交通技师学院主页截图

步骤 1：启动 Axure RP pro 7.0，从元件库面板中拖放一个动态面板元件到默认的 index 页面，设置动态面板的元件的名称为 gzjtjx，如图 3 - 6 所示。

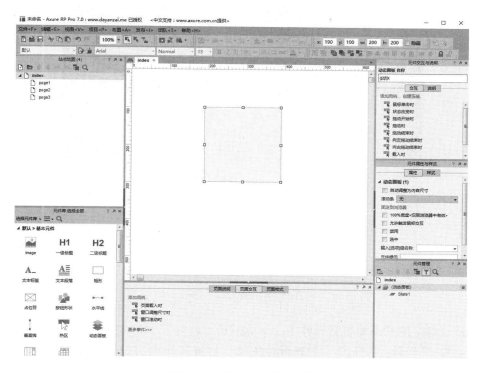

图 3 - 6　插入动态面板元件

步骤 2：单击选中 gzjtjx 动态面板，在工具栏的位置尺寸输入框中，输入面板的高度和宽度（根据准备的图片素材尺寸确定），如图 3 - 7 所示。

图 3 - 7　面板的大小

步骤 3：双击 gzjtjx 动态面板，打开动态面板状态管理器，插入四个状态页面，如图 3 - 8 所示。

图 3 - 8　插入四个 State

步骤 4：在打开的动态面板管理器中，鼠标双击"State1"，进入 State1 的编辑页面。

步骤 5：拖入"image"元件，设置元件属性，将准备好的第一张图片素材导入；调整图像的位置，使其正好放置在动态面板的虚框内，如图 3 - 9 所示。

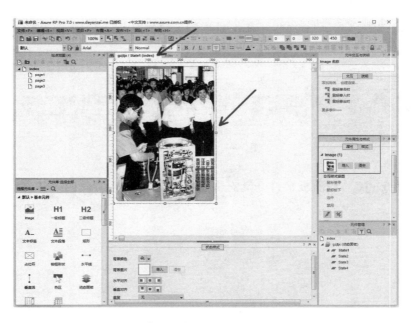

图 3 - 9　在 State1 中插入图片

步骤 6：插入四个按钮形状元件，宽和高设置为 30，显示文本分别输入 1、2、3、4，设置每一个按钮形状的名称与显示的数字一致。

步骤 7：设置按钮 1 的样式，字体颜色为白色，填充颜色为浅蓝色；其他三个按钮均设置为白底黑字；调整四个按钮的位置，如图 3 – 10 所示。

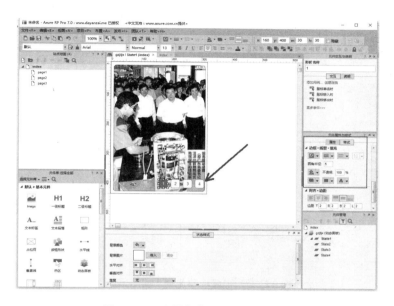

图 3 – 10　设置焦点图导航指示按钮

步骤 8：为按钮 1 添加"鼠标移入时"用例，设置鼠标移入时，将 gzjtjx 动态面板的状态切换到 State1，进入动画选择"向右滑动"，时间间隔输入 500 毫秒，如图 3 – 11 所示。

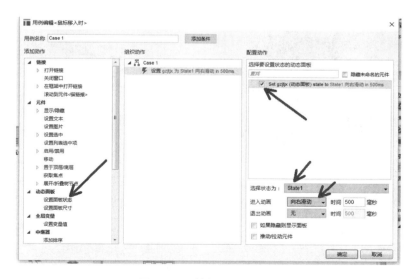

图 3 – 11　按钮 1 用例设置

步骤9：为按钮1添加"鼠标移出时"事件的用例，"选择状态为"下拉框选择"Next"，选中"向后循环"和"循环间隔"两个复选框，间隔输入1 000毫秒，如图3-12所示。

图3-12 "鼠标移出时"用例设置

步骤10：重复步骤8、步骤9，为其他三个导航指示按钮设置相应的事件用例，设置好之后如图3-13所示。

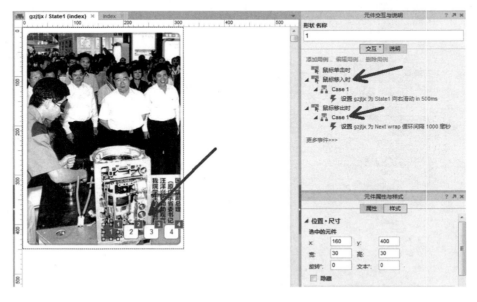

图3-13 焦点图导航指示按钮设置完成

步骤 11：关闭 State1 编辑页面，重复步骤 4 至步骤 10，设置 gzjtjx 动态面板的其他三个状态，最终效果如图 3 – 14、3 – 15、3 – 16 所示。

图 3 – 14　按钮 2 用例

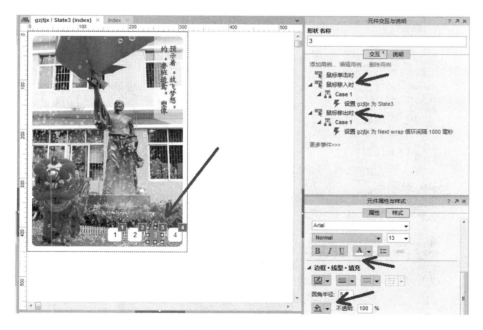

图 3 – 15　按钮 3 用例

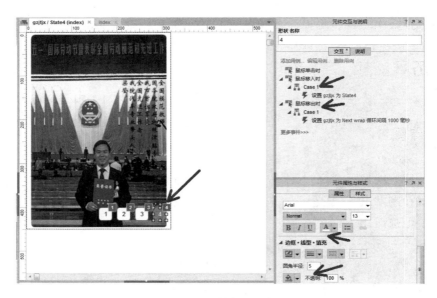

图 3-16　按钮 4 用例

步骤 12：关闭当前状态编辑页面，返回 index 页面，在交互面板选中"页面载入时"事件，添加"设置动态面板状态"用例，在"选择状态为"下拉框中，选择"Next"，选中"向后循环"和"循环间隔"两个复选框，循环间隔输入 1 000 毫秒，如图 3-17 所示。

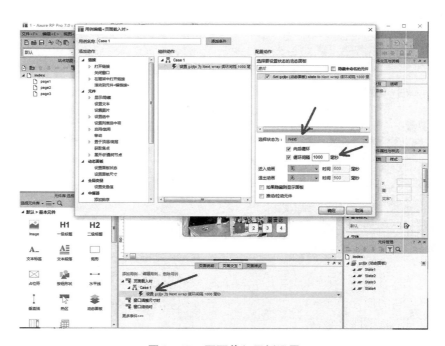

图 3-17　页面载入用例设置

步骤 13：从文件菜单中保存项目，按 F5 快捷键预览最终效果；页面启动时动态面板每秒切换状态，实现预期效果。

▊ 3. 拓展阅读：焦点图

3.1 焦点图

焦点图，从应用的角度来说就是将企业的主打产品、服务和企业核心经营理念等以大版面的图片方式呈现在网站上。呈现的图片通常是最新、最热门的产品或者服务，让用户一进入网站，视线就紧紧地被抓住。在使用焦点图时需要注意的事项有：

（1）图片要经过精心的设计和挑选。焦点图图片内容不能太复杂，要能聚焦到用户想要传达的信息。图片要精心设计与制作，不能使用网站一些通用的素材图片。

（2）在使用响应模式设计的网站上，需要单独为移动终端配置图片，确保在手机、iPad 等移动端上也有良好的显示效果。

（3）网站焦点图需要经常测试与跟踪，统计网站浏览用户的转化率，不断地更新图片。

3.2 网页字体大小单位的选择

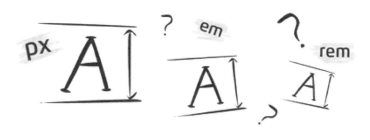

图 3 – 18　字体大小

3.2.1　px

px 像素，是绝对长度单位的一种，它的大小是根据用户屏幕显示器的分辨率决定的（因此不同的设备显示相同的像素值也可能会有不同的结果）。如果网页设计人员使用 px 作为字体单位，那么其字体大小将不能被更改。

3.2.2　em

em 的使用是相对于其父级的字体大小的，即倍数。浏览器的默认字体高都是 16px，未经调整的浏览器显示 1em ＝ 16px。但是有一个问题，如果设置 1.2em 则变成 19.2px，问题是 px 表示大小时数值会忽略掉小数位的。而且 1em = 16px 并不容易转换，因此，我们常常人为地使 1em = 10px。这里要借助字体的 % 来作为桥梁。

因为默认字体 16px = 100%，则有 10px = 62.5%，所以首先在 body 中全局声明 font - size = 62.5% = 10px，也就是定义了网页 body 默认字体大小为 10px。由于 em 有继承父级元素字体大小的特性，如果某元素的父级没有设定字体大小，那么它就继续了 body 默认字体大小 1em = 10px。

但是由于 em 是相对于其父级字体的倍数的，当出现有多重嵌套内容时，使用 em 分别给它们设置字体大小往往要重新计算。比如说你在父级中声明了字体大小为 1.2em，那么在声明子元素的字体大小时设置 1em 才能和父级元素内容字体大小一致，而不是 1.2em（避免 $1.2 \times 1.2 = 1.44em$），因为此 em 非彼 em。

3.2.3　rem

有了 rem，再也不用担心还要根据父级元素的 font - size 计算 em 值了，因为它始终是基于根元素（< html >）的。比如默认的 html font - size = 16px，那么想设置 12px 的文字就是：$12 \div 16 = 0.75$（rem）。

需要注意的是，为了兼容不支持 rem 的浏览器，我们需要在各个使用了 rem 的地方的前面写上对应的 px 值，这样不支持 rem 的浏览器就可以优雅降级兼容性详情了。

选择使用什么字体单位主要由具体项目来决定，如果你的用户群都使用最新版的浏览器，推荐使用 rem；如果要考虑兼容性，那就使用 px，或者两者同时使用。

▌ 4. 课后习题

（1）对于主页上自动切换式的焦点图来说，在什么事件中启动焦点图的切换操作？在用例的什么动作中设置？

（2）主页上自动切换的焦点图需要准备多张图片，对图片有什么要求？

（3）用动态面板实现焦点图效果时，显示区域的大小如何确定？

（4）动态面板元件的事件有哪些？

（5）要实现"鼠标移入动态面板停止自动切换图片"效果，如何操作？

（6）要实现"鼠标移除动态面板自动开始图片轮换"效果，如何操作？

（7）鼠标移入动态面板，自动放大一倍，请简述操作过程。

（8）如何实现动态面板跟随鼠标移动？请简述操作过程。

第四章　鼠标悬停效果制作

1. 应用场景

我们通常看到网站上很多模块、导航或者元素等，当鼠标移入悬停时，会以改变背景色、调整字体样式、加边框等方式给用户以提示。特别是大型电子商务网站、新闻网站等，许多都采用瀑布流式布局，内容非常多，添加鼠标移入提示，可以大大提升用户使用体验。

图 4 - 1　当当网页面鼠标移入效果

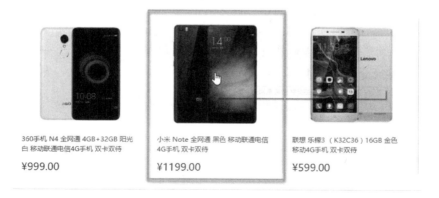

图 4 - 2　京东网页面鼠标移入效果

▌ 2. 制作过程

鼠标移入提示特效一般使用元件的交互样式和动态面板来实现，以当当网鼠标移入效果为例，其具体的制作过程如下：

步骤 1：启动 Axure RP pro 7.0，新建一个项目，从元件库面板中拖放一个矩形元件到 index 页面，设置好矩形元件的大小和位置。

步骤 2：依次拖入 image、二级标题、文本段落三个元件，将它们从上到下放入矩形元件中，设置好大小和位置，如图 4 – 3 所示。

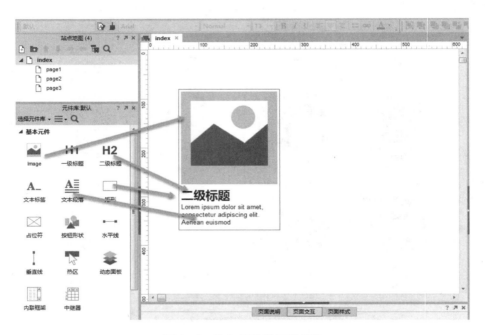

图 4 – 3 拖入元件并设置参数

步骤 3：双击 image 元件，导入准备好的图像文件（jpg、png、gif 等格式均可），导入时选择保持为当前元件尺寸；双击二级标题元件并输入商品价格，字体颜色调整为红色；双击文本段落元件并输入商品简介，如图 4 – 4、4 – 5 所示。

图 4－4　导入图片

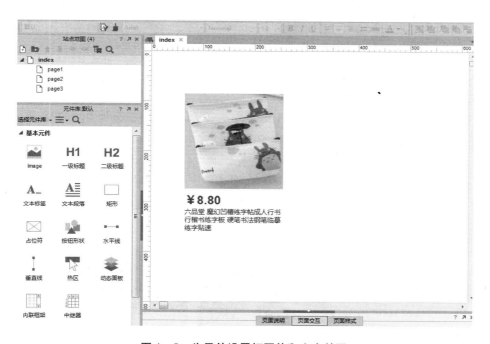

图 4－5　为元件设置好图片和文字效果

步骤4：选中矩形元件，在右侧元件属性与样式面板中，单击"鼠标悬停"命令，打开交互样式设置的对话框，设置线段颜色为橙色，线宽2磅，线型为实线，如图4－6所示。

图 4 - 6　设置形状元件的交互样式

步骤 5：全选所有元件，按住键盘 Ctrl 键不放，拖动复制出另外两个元件组合，调整好间距；依次替换相应图片和文字信息，如图 4 - 7 所示。

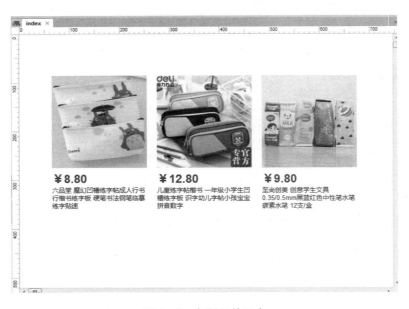

图 4 - 7　复制元件组合

步骤6： 保存项目文件，按 F5 键预览效果，如图 4 - 8 所示。

图 4 - 8　鼠标悬停效果预览

▌ 3. 拓展阅读：圆角矩形

3.1　圆角矩形

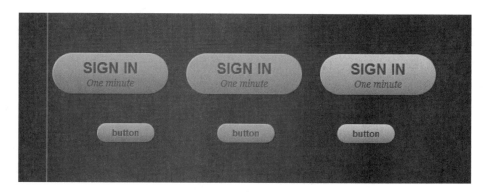

图 4 - 9　网页中圆角按钮

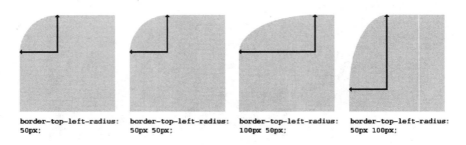

图 4 – 10   矩形圆角数量关系

圆角是用一段与角的两边相切的圆弧替换原来的角，圆角的大小用圆弧的半径表示。在网页设计越来越精美的今天，圆角的应用已经越来越广泛。苹果获得的诸多关于 iPhone 和 iPad 的专利中或多或少都包含一些实际的功能，比如 Home 键、背面轮廓设计或者前面板整体玻璃覆盖设计等。但这个专利单单描述了一个设备的外观设计——矩形圆角。这项专利的适用场景很广，当然专利图中的画像将这项专利限制在特定长宽比的设备中，这样有着其他尺寸和比例的平板使用它是不侵权的。网页中创建圆角的方法主要有：

3.1.1   CSS3

随着 HTML5/CSS3 的到来，CSS3 样式的圆角必将成为构建未来网站的趋势。CSS3 相对于其他方式，更加容易应用，不需要额外的 HTML 标记和图片。目前支持 CSS3 圆角的浏览器包括 FireFox、Chrome、Opera、IE9 等；由于目前中文用户多使用 IE，并且多为 IE6 至 IE8，因此，CSS3 的普及尚需时日。

3.1.2   CSS + 图片

CSS2 圆角一般需要额外的 HTML 标记和图片，然而其优点也是非常明显的：支持所有主流浏览器，包括 IE（IE6 至 IE11）、FireFox、Chrome、Opera 等。

3.1.3   纯 CSS

纯 CSS 圆角，不需要图片，因此，网站加载速度更快，然而需要额外的 HTML 标记，并且效果也没有带图片的圆角精美。

3.1.4   JavaScript

JavaScript 圆角不需要额外的 HTML 标记和图片，有现成的代码，可以不用写代码。然而在病毒泛滥的今天，很多用户会禁用 JavaScript，对于用户体验至上的网站，如果关闭 JavaScript，前期所有的努力就白费了。

3.2   Axure RP 中图像圆角效果制作

Axure RP 在样式面板的"圆角半径"中设置图片的圆角效果。在圆角半径输入框中输入不同的值，图片呈现出不同大小的圆角效果。如果图片的长宽相等，当半径等于长度（或者宽度）的一半时，呈现出正圆的效果，这种效果经常用于用户头像，如图 4 – 11、4 – 12 所示。

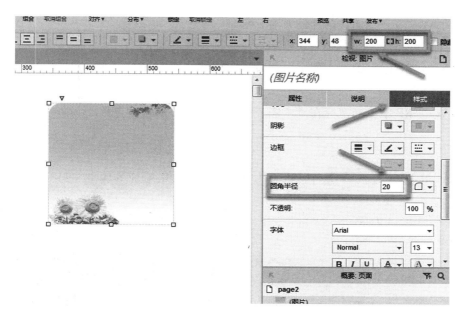

图 4 – 11　圆角矩形效果

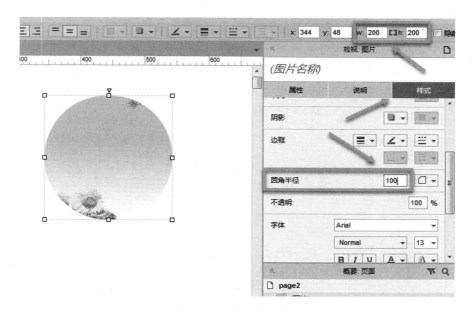

图 4 – 12　完全圆形效果

▌4. 课后习题

（1）什么是图片的透明度？

（2）在 Axure RP 中插入多张图片，如何实现快速对齐？

（3）简述 Axure RP 中插入图片的方法有哪些？

（4）在 Axure RP 中，图片元件可以响应哪些事件？

（5）在 Axure RP 中，当鼠标在某个图片上悬停时，可以自动更改为另外一张图片，请简述制作步骤。

（6）在 Axure RP 中，一个元件被设置为禁用时，还能够响应其他事件吗？

（7）图 4-13 所示为 Axure RP 的样式面板，箭头所指工具的名称和作用是什么？

图 4-13　Axure RP 的样式面板

第五章　App 键盘弹出效果制作

▌1. 应用场景

各类原生 App、WebApp 甚至游戏绝大多数设计了人机交互功能，当文本框获取焦点时，虚拟键盘随即从移动终端底部弹出，如图 5-1、5-2 所示。

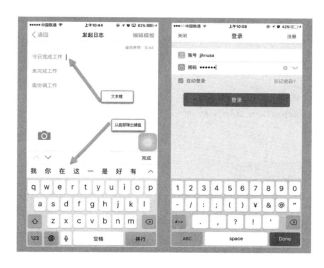

图 5-1　苹果手机 App 键盘弹出效果

图 5-2　安卓手机 App 键盘弹出效果

▌ 2. 制作过程

用 Axure RP 制作键盘弹出效果主要使用文本框、图片两个元件。在文本框的获取焦点事件中设置键盘弹出，在失去焦点事件中设置隐藏，具体的制作步骤如下：

步骤 1：安装金乌部件库。启动 Axure RP pro 7.0，在左侧元件库面板中，点击"选项"图标，在下拉菜单中选择"载入元件库"命令，从打开的对话框中选择准备好的金乌部件库，全选并安装，如图 5 - 3、5 - 4 所示。

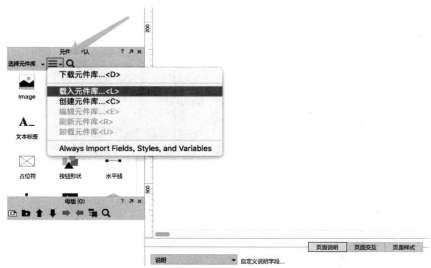

图 5 - 3　Axure RP 安装元件命令位置

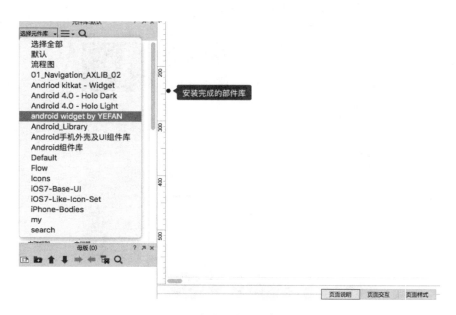

图 5 - 4　安装完成的金乌部件库

步骤2：从元件库面板中选择元件库，将当前元件切换到"iPhone – bodies"，拖放一个空白 iPhone 5 手机壳元件到页面中，调整手机壳大小；拖放一个 iOS 键盘元件到页面中，放置到手机壳底部；再拖放一个文本框元件，调整至合适的大小和位置，如图 5 – 5 所示。

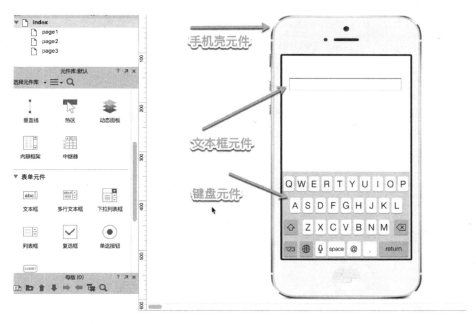

图 5 – 5　弹出键盘界面效果

步骤3：选中键盘元件，在元件属性与样式面板中，选择"隐藏"。这样设置后，当文本框没有获取焦点时，键盘元件自动隐藏，如图 5 – 6 所示。

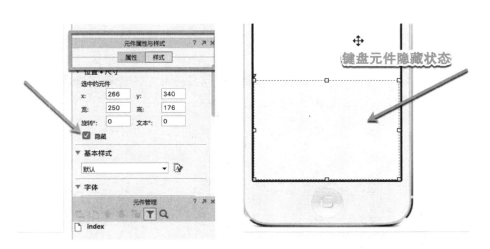

图 5 – 6　设置键盘元件隐藏状态

步骤4：选中文本框元件，在交互面板中选择"获取焦点时"，添加事件用例；在弹出的用例对话框中，选择"元件"—"显示/隐藏"—"显示"动作，在配置动作面板中选择"键盘"，可见性选择"显示"；动画效果中选择"向上滑动"，时间为500毫秒；点击"确定"按钮关闭对话框，如图5-7所示。

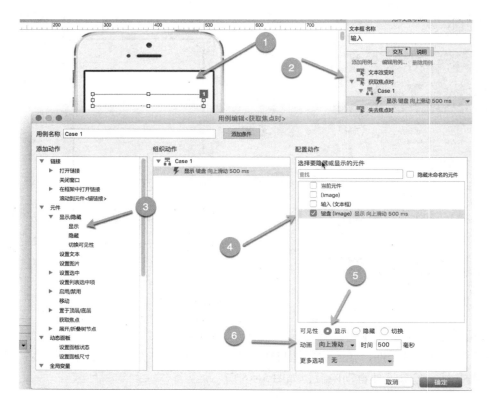

图5-7　文本框获取焦点用例设置

步骤5：继续设置文本框的"失去焦点时"用例，在弹出对话框中选择"元件"—"显示/隐藏"—"隐藏"动作，在配置动作面板中选择"键盘"，可见性选择"隐藏"，动画效果选择"向下滑动"，时间为500毫秒，如图5-8所示。

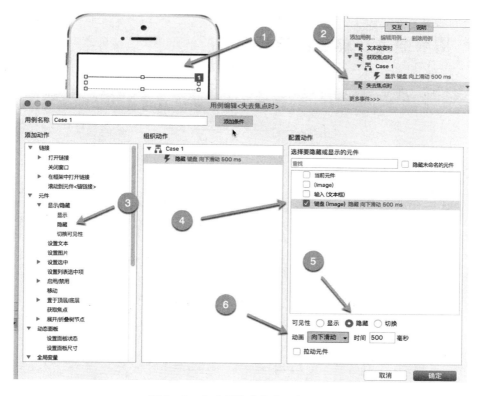

图 5 - 8　文本框失去焦点用例设置

步骤 6：保存项目，按 F5 键预览，效果如图 5 - 9 所示。

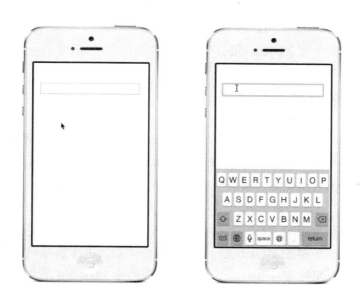

图 5 - 9　最终效果预览

3. 拓展阅读：移动端尺寸

要认识移动设备屏幕，需了解以下九个方面的内容：

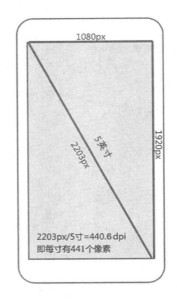

图 5 – 10 手机屏幕

（1）分辨率。分辨率就是手机屏幕的像素点数，一般描述成屏幕的"宽×高"。安卓手机屏幕常见的分辨率有 480px ×800px、720px ×1 280px、1 080px ×1 920px 等。720px ×1 280px 表示此屏幕在宽度方向有 720 个像素，在高度方向有 1 280 个像素。

（2）屏幕大小。屏幕大小是手机对角线的物理尺寸，以英寸（inch）为单位。比如某手机为"5 寸大屏手机"，就是指对角线的尺寸，"5 寸"即"5 英寸"，5 英寸 ×2.54 厘米/英寸 = 12.7 厘米。

（3）密度（dpi，dots per inch；或 PPI，pixels per inch）。顾名思义，密度就是每英寸的像素点数，数值越高显示越细腻。假如一部手机的分辨率是 1 080px ×1 920px，屏幕大小是 5 英寸，根据勾股定理，可以得出对角线的像素数大约是 2 203px，那么用 2 203px 除以 5 就是此屏幕的密度了，计算结果是 440（取整数部分），440dpi 的屏幕已经相当细腻了。

（4）实际密度与系统密度。实际密度就是我们自己算出来的密度，这个密度代表了屏幕真实的细腻程度，如上述例子中的 440dpi 就是实际密度，说明这块屏幕每英寸有 440 个像素。5 英寸 1 080px ×1 920px 的屏幕密度是 440，而相同分辨率的 4.5 英寸屏幕密度是 490。如此看来，屏幕密度将会出现很多数值，呈现严重的碎片化。而密度又是安卓屏幕将界面进行缩放显示的依据，那么安卓是如何匹配这么多屏幕的呢？

其实，每部安卓手机屏幕都有一个初始的固定密度，这些数值是 120、160、240、320、

480，我们权且称其为"系统密度"。其中的规律在于相隔数值之间是两倍的关系。一般情况下，240px×320px 的屏幕是低密度 120dpi，即 ldpi；320px×480px 的屏幕是中密度 160dpi，即 mdpi；480px×800px 的屏幕是高密度 240dpi，即 hdpi；720px×1 280px 的屏幕是超高密度 320dpi，即 xhdpi；1 080px×1 920px 的屏幕是超超高密度 480dpi，即 xxhdpi。安卓对界面元素进行缩放的比例依据正是系统密度，而不是实际密度。

密度与分辨率

密度	ldpi	mdpi	hdpi	xhdpi	xxhdpi
密度值（dpi）	120	160	240	320	480
代表分辨率（px）	240×320	320×480	480×800	720×1 280	1 080×1 920

（5）一个重要的单位 dp。dp 也可写为 dip（density – independent pixel）。你可以想象 dp 更类似于一个物理尺寸，比如一张宽和高均为 100dp 的图片在 320px×480px 和 480px×800px 的手机上看起来一样大，而实际上，它们的像素值并不一样。dp 正是这样一个尺寸，不管这个屏幕的密度是多少，屏幕上相同 dp 的元素看起来始终差不多大。

图 5 – 11　dp 与 px

另外，文字尺寸使用 sp（scale – independentpixel），这样，当你在系统设置里调节字号大小时，应用中的文字也会随之变大变小。

（6）dp 与 px 的转换。在安卓手机中，系统密度为 160dpi 的中密度手机屏幕为基准屏幕，即320×480的手机屏幕。在这个屏幕中，1dp＝1px。100dp在320px×480px（mdpi，160dpi）中是100px。那么100dp在480px×800px（hdpi，240dpi）的手机上是多少px呢？我们知道100dp在两个手机上看起来差不多大，根据160与240的比例关系，我们可以知道，在480px×800px中，100dp实际覆盖了150px。因此，如果你为mdpi手机提供了一张100px的图片，这张图片在hdpi手机上就会拉伸至150px，但是他们都是100dp。

中密度和高密度的缩放比例似乎可以不通过160dpi和240dpi计算，而通过320px和480px算出。但是按照宽度计算缩放比例不适用于超高密度xhdpi和超超高密度xxhdpi了。即720px×1 280px中1dp是多少px呢？如果用720/320，你会得出1dp＝2.25px，实际上这样算出来是不对的。dp与px的换算要以系统密度为准，720px×1 280px的系统密度为320，320px×480px的系统密度为160，320/160＝2，那么在720px×1 280px中，1dp＝2px。同理，在1 080px×1 920px中，1dp＝3px。ldpi：mdpi：hdpi：xhdpi：xxhdpi＝3：4：6：8：12，我们发现，相隔数字之间还是2倍的关系。计算的时候，以mdpi为基准。比如在720px×1 280px（xhdpi）中，1dp等于多少px呢？mdpi是4，xhdpi是8，两者是2倍的关系，即1dp＝2px。反着计算更重要，比如你用PhotoShop在720px×1 280px的画布中制作了界面效果图，两个元素的间距是20px，那要标注多少dp呢？从图5-12可知mdpi与xhdpi是两倍的关系，那就是10dp！

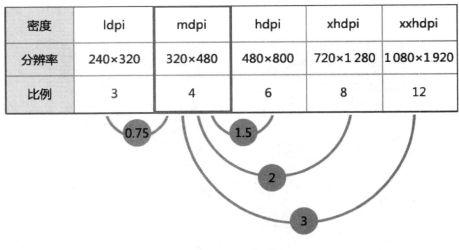

图5-12　换算关系

当安卓系统字号设为"普通"时，sp与px的尺寸换算和dp与px是一样的。比如某个文字大小在720px×1 280px的Photoshop画布中是24px，那么这个文字大小是12sp。

（7）建议在xdhpi中作图。安卓手机有这么多屏幕，到底依据哪种屏幕作图呢？没有必要为不同密度的手机都提供一套素材，大部分情况下，一套就够了。

现在手机分辨率比较高的是1 080px×1 920px，可以选择这个尺寸作图，但是图片素材将会增大应用安装包的大小，并且尺寸越大的图片占用的内存也就越高。如果不是设计ROM，而是做一款应用，建议用Photoshop在720px×1 280px的画布中作图。这个尺寸兼顾了美观性、经济性和计算的简单。美观性是指，以这个尺寸做出来的应用，在 720px×1 280px 中显示完美，在 1 080px×1 920px 中看起来也比较清晰；经济性是指，这个分辨率下导出的图片尺寸适中，内存消耗不会过高，并且图片文件大小适中，安装包也不会过大。

（8）屏幕的宽高差异。在 720px×1 280px 中作图，要考虑向下兼容不同的屏幕。通过计算我们可以知道，320px×480px 和 480px×800px 的屏幕宽度都是 320dp，而 720px×1 280px 和 1 080px×1 920px 的屏幕宽度都是 360dp。它们之间有 40dp 的差距，这 40dp 在设计中影响还是很大的。如图 5－13 所示，蝴蝶图片距离屏幕的左右边距在 320dp 宽的屏幕中和在 360dp 宽的屏幕中就不一样。

图 5－13　屏幕差异

高度上的差异更加明显。对于天气等工具类应用，由于界面一般是独占式的，更要考虑屏幕之间的比例差异。

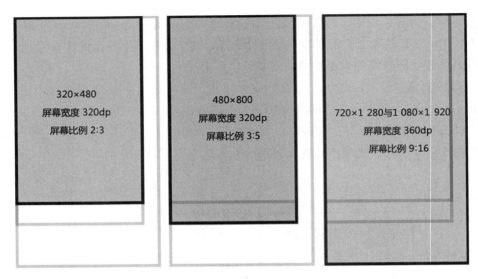

图 5 - 14　比例差异

消除这些比例差异可以通过添加布局文件来实现。一般情况下，布局文件放在 layout 文件夹中，如果要单独对 360dp 的屏幕进行调整，可以单做一个布局文件放在 layout – w360dp 中；不过，最好是默认针对 360dp 的屏幕布局（较为主流），然后对 320dp 的屏幕单独布局，将布局文件放到 layout – w320dp 中；如果想对某个特殊的分辨率进行调整，可以将布局文件放在标有分辨率的文件夹中，如 layout – 854 × 480。

（9）几个资源的文件夹。在 720px × 1 280px 中作了图，要让开发人员放到 drawable – xhdpi 的资源文件夹中，这样才可以显示正确。仅提供一套素材就可以了，可以测试一下应用在低端手机上运行是否流畅，如果比较卡顿，可以根据需要提供部分 mdpi 的图片素材，因为 xhdpi 中的图片运行在 mdpi 的手机上会比较占内存。

以应用图标为例，xhdpi 中的图标大小是 96px，如果要单独给 mdpi 提供图标，那么这个图标大小是 48px，放到 drawable – mdpi 的资源文件夹中。各个资源文件夹中的图片尺寸同样符合 ldpi：mdpi：hdpi：xhdpi：xxhdpi = 3：4：6：8：12 的规律。

图 5 - 15　资源文件夹

▌ 4. 课后习题

（1）Axure RP 的元件库文件扩展名是什么？在默认情况下，Axure RP 将第三方元件库安装在哪个目录下？

（2）Axure RP 中提供了哪些动画效果来展示或者切换元件？

（3）动画播放的时间单位是什么？它和秒之间是如何换算的？

（4）在 Axure RP 中，可以通过哪些方式将一个元件的初始状态设置为隐藏？

（5）试说明为苹果手机和安卓手机准备图片资源有哪些不同点？

（6）在 Axure RP 中，哪些元件可以获取焦点？

（7）文本框元件数据类型有哪些，分别用于什么情况？

第六章 网站信息列表制作

▌ 1. 应用场景

随着技术的发展进步，网站展示的信息越来越丰富。绝大部分网站采用动态网页制作技术来展示内容，网页显示的信息从后台数据中动态加载，用户访问什么就加载什么，这极大地方便了网页内容的更新。图6-1所示的信息列表页面和详细内容页面，以及图6-2、6-3所示信息列表页面均从数据库动态加载生成。

图 6-1 广州交通技师学院网页截图

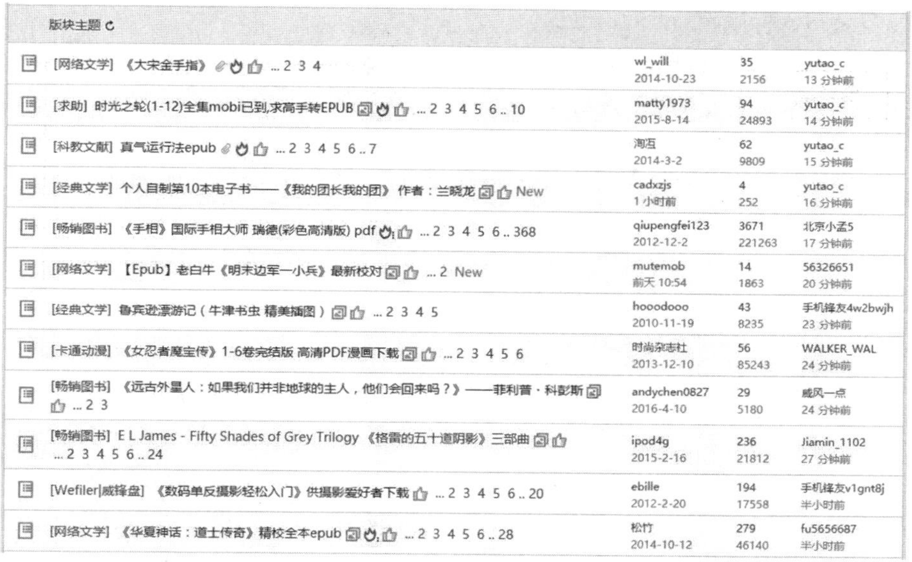

图 6 - 2　威锋网论坛信息列表

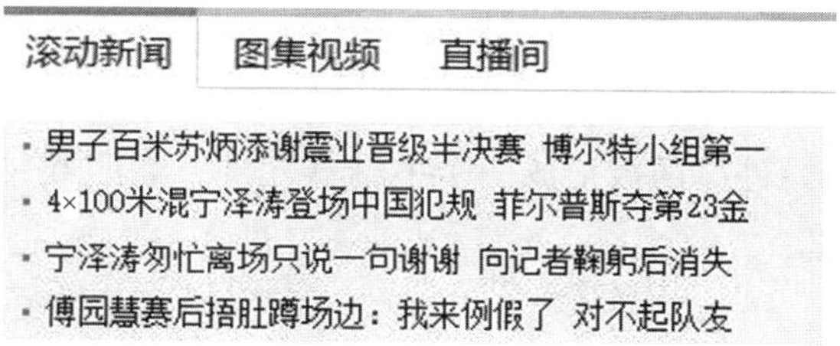

图 6 - 3　新浪网新闻信息列表

网页制作中信息列表实现的方式有三种：

（1）无序列表方式：使用 < ul > 标签。

< ul >

　　< li > 标题 </li >

　　< li > 标题 </li >

　　< li > 标题 </li >

　　< li > 标题 </li >

　　……

</ul >

（2）表格方式。

< table >

　　< tr > < td > 标题 </td > </tr >

　　< tr > < td > 标题 </td > </tr >

<tr> <td>标题</td> </tr>

<tr> <td>标题</td> </tr>

<tr> <td>标题</td> </tr>

……

</table>

（3）图层方式。

　　标题

　　标题

　　标题

　　标题

　　标题

　　……

■ 2. 制作过程

步骤1：新建项目，从元件库面板拖放一个中继器元件，如图6-4所示，并命名为"新闻中继器"。

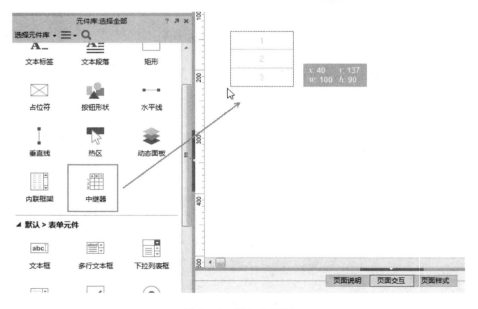

图6-4　添加中继器

步骤2：双击"新闻中继器"，进入中继器模板和数据编辑状态，为中继器添加几行模拟数据, 同时为每列数据重新命名, 如图 6-5 所示。

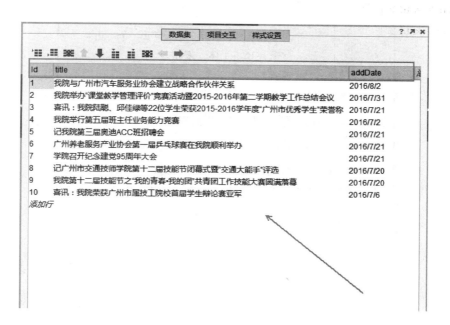

图 6-5　中继器数据集

步骤 3: 删除中继器默认添加的按钮形状元件, 拖入两个文本标签元件和一条水平线, 如图 6-6、6-7 所示, 元件的参数如表 6-1 所示, 设置好之后关闭中继器编辑页面, 如图 6-8 所示。

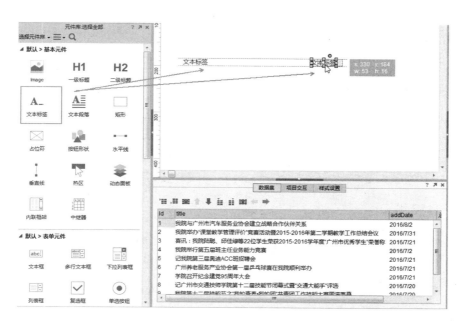

图 6-6　中继器添加文本标签元件

表 6 – 1　元件参数

元件	名称	主要属性
文本标签	标题	x：10px　y：10px　w：300px　h：20px 字号：16　字体：宋体 鼠标悬停：18 号、下划线、橙色 链接：page1
文本标签	日期	x：300px　y：10px　w：80px　h：20px 字号：16　字体：宋体
水平线		线型：虚线 x：9px　y：26px　w：351px

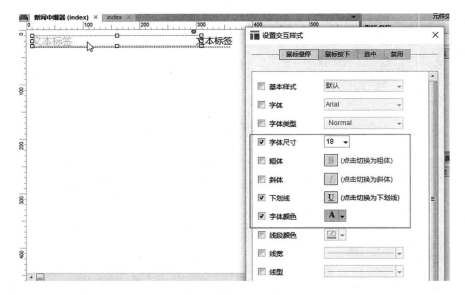

图 6 – 7　文本标签交互样式设置

图 6 – 8　编辑好数据和模板的中继器

步骤 4： 双击中继器的"每项加载时"默认用例，进入用例编辑对话框，修改中继器默认的数据加载用例，为"标题""日期"两个文本标签制定数据源，图 6-9、6-10、6-11 所示。

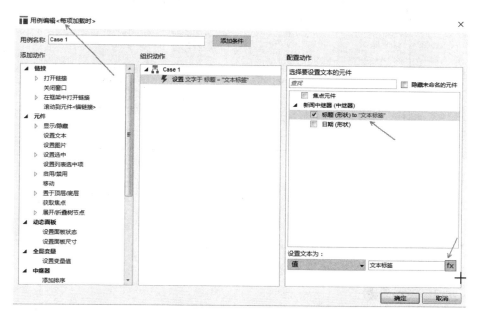

图 6-9　用例编辑对话框

图 6-10　为"标题"文本标签选择中继器数据源

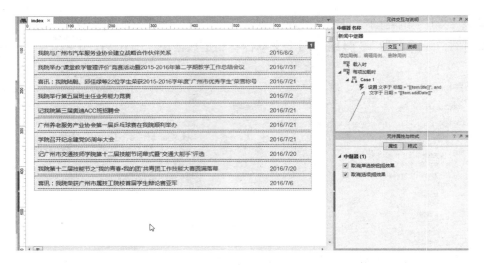

图 6 – 11　设置完成用例

步骤 5：按 F5 键预览项目，其效果如图 6 – 12 所示。

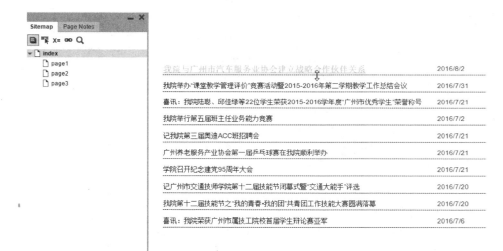

图 6 – 12　项目预览效果

■ 3. 拓展阅读：分页效果

中继器实现列表分页效果有如下步骤：

步骤 1：按照本章教程先制作一个基本列表，如图 6 – 13 所示。

图6-13 基本列表

步骤2：使用中继器基本属性 index，为图6-13的列表添加序号，如图6-14、表6-2所示。

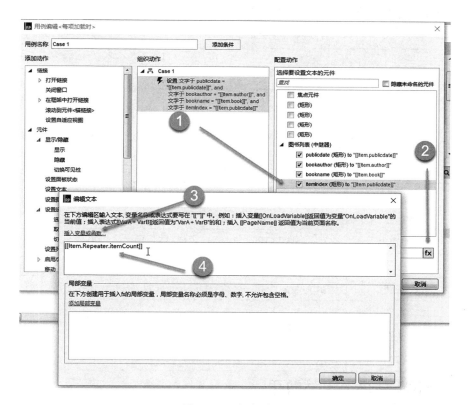

图6-14 添加序号

表 6-2　基本列表信息

序号	书名	作者	出版日期
1	魔鬼经济学	A	2016-1-1
2	多啦A梦	B	2016-2-2
3	语文	C	2000-1-1
4	数学	D	2001-1-1
5	英语	E	2000-1-1

步骤 3：在列表上方添加元件，控制页码的切换，如图 6-15 和表 6-3 所示。

图 6-15　页面切换元件效果

表 6-3　元件属性一览表

序号	元件	主要属性
1	文本标签	显示文本：每页
2	下拉列表框	名称：ddSelectPageSize，选项值：5、10、15、20
3	文本标签	显示文本：条
4	提交按钮	显示文本：首页；名称：btnFirst
5	提交按钮	显示文本：上一页；名称：btnPre
6	提交按钮	显示文本：下一页；名称：btnNext
7	提交按钮	显示文本：末页；名称：btnTail
8	文本标签	显示文本：GO
9	文本框	显示文本：页名称：goPageindex

步骤 4：为下拉列表框元件的"选项改变时"添加用例，当用户选择不同的数值时，改变每页显示的条数，如图 6-16 所示。

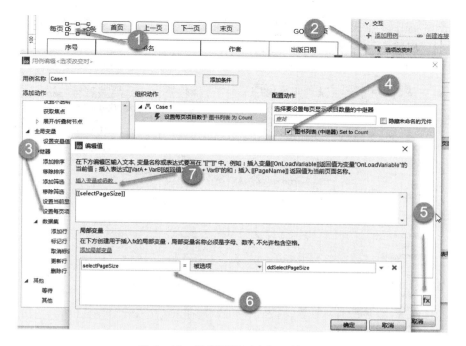

图 6 - 16　设置下拉列表框元件用例

步骤5：选中"goPageindex"文本框元件，为其添加"文本改变时"事件用例，实现按输入文本跳转页面，如图 6 - 17 所示。

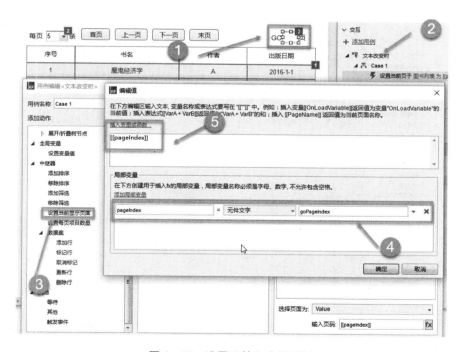

图 6 - 17　设置跳转文本框用例

步骤6： 分别选中4个提交按钮，设置"鼠标单击时"用例，让列表响应分别跳转到指定页面，如图6－18、6－19、6－20、6－21所示。

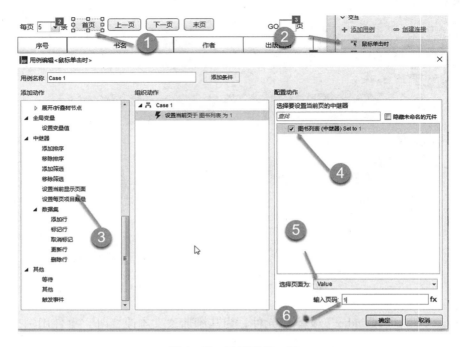

图6－18　跳转到第一页

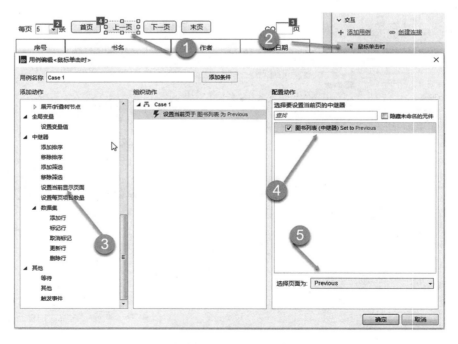

图6－19　跳转到上一页

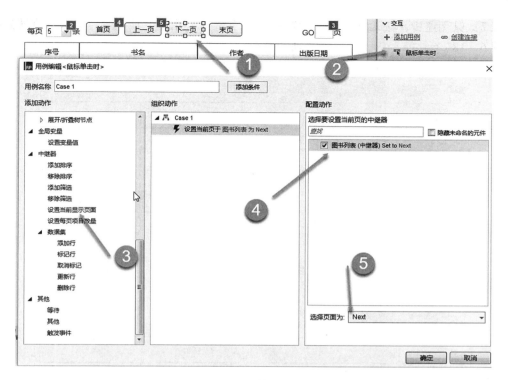

图 6 - 20　跳转到下一页

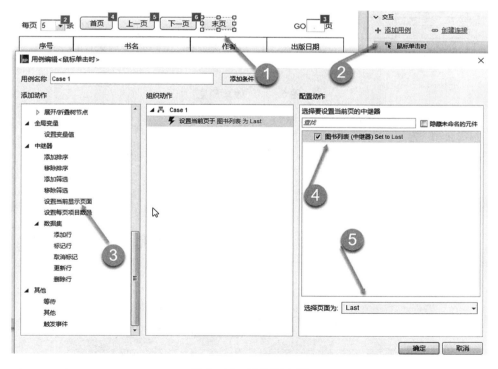

图 6 - 21　跳转到末页

步骤7： 保存项目，按 F5 键预览，如图 6 – 22、6 – 23 所示。

序号	书名	作者	出版日期
1	魔鬼经济学	A	2016-1-1
2	多啦A梦	B	2016-2-2
3	语文	C	2000-1-1
4	数学	D	2001-1-1
5	英语	E	2000-1-1

每页 5 ▼ 条　首页　上一页　下一页　末页　　　GO [ ] 页

图 6 – 22　效果预览

序号	书名	作者	出版日期
1	C语言程序设计	谭浩强	2005-1-1
2	Asp.net网页设计	F	2013-1-1
3	数据库管理	AA	2018-1-1
4	计算机操作系统	EE	2020-1-1
5	微机原理	FF	2012-1-1

每页 5 ▼ 条　首页　上一页　下一页　末页　　　GO [2] 页

图 6 – 23　效果预览

4. 课后习题

（1）中继器元件有哪些内置属性？

（2）图 6 – 24 所示是中继器数据表上方的工具栏，请分别指出每个图标所代表的功能是什么。

图 6 – 24　中继器数据表上方的工具栏

（3）图 6 – 25 所示为中继器的样式面板，方框中的两部分分别设置中继器的什么样式？

图 6 – 25　中继器的样式面板

（4）中继器数据集属性中有一个"标记行"动作，它的作用是什么？

（5）在中继器显示模板编辑页面中，可以添加哪些元件作为数据显示模板？

（6）在 Axure RP 中什么是局部变量？

（7）在编辑中继器用例时，变量中的 This、target 分别代表什么？

（8）在 Axure RP 中，用于处理字符串的函数有哪些？选取三个举例说明用途。

（9）图 6 – 26 所示是 Axure RP 中鼠标指针变量，请说明每个变量的含义。

图 6 – 26　鼠标指针变量

第七章 选项卡效果制作

■ 1. 应用场景

网页选项卡功能现已得到普遍使用，它能使网页在一小块位置中显示更多的内容，本章结合实际应用介绍三种简单、实用的选项卡效果制作形式。

第一种形式：通过更换显示样式实现效果。

< div id ="tabs0" >

< ul class ="menu0"id ="menu0" >

  < li onclick ="setTab（0，0）"class ="hover" >新闻 </li >

  < li onclick ="setTab（0，1）" >评论 </li >

  < li onclick ="setTab（0，2）" >技术 </li >

  < li onclick ="setTab（0，3）" >点评 </li >

</ul >

< div class ="main"id ="main0" >

   < ul class ="block" > < li >新闻列表 </li > </ul >

   < ul > < li >评论列表 </li > </ul >

   < ul > < li >技术列表 </li > </ul >

   < ul > < li >点评列表 </li > </ul >

</div >

</div >

第二种形式：这种结构比较复杂一些，外面加一个相对层（.menu1box），设置溢出隐藏，将选项卡（#menu1）设为绝对定位，设置层指针为1（z-index：1），以便可以遮住主区块（.main1box）1px 的高度。设置主区块的边框为1px 的黑边，上空白（margin-top）为-1px，使上边框伸到选项卡下。当改变选项卡某项（li）的背景为白色时便可遮住一部分主区块的上边框，这样效果就实现了。

第三种形式：这是一种不常用的方式，加一个相对层（.menu2box），利用一个背景层（#tip2）定位，通过改变层的左距离（left）实现效果。

  < div id ="tabs2" >

< div class ="menu2box" >

   < divid ="tip2" > </div >

   < ul id ="menu2" >

   < li class ="hover"onmouseover ="nowtab（2，0）" > < a href ="#" >新闻 </a > </li >

```
    < li onmouseover = "nowtab（2，1）"> < a href = "#" >评论 </a> </li>
    < li onmouseover = "nowtab（2，2）"> < a href = "#" >技术 </a> </li>
    < li onmouseover = "nowtab（2，3）"> < a href = "#" >点评 </a> </li>
</ul>
</div>
    < div class = "main"? id = "main2" >
新闻内容
</div>
</div>
```

图 7-1 腾讯网选项卡应用

图 7-2 新浪网选项卡应用

▌ 2. 制作过程

步骤 1：新建项目，从元件库面板中拖入一个动态面板元件，命名为"Tab 选项卡"，设置好位置、大小等参数，并插入四个状态页面，如图 7-3 所示，各项属性参数设置如下表所示。

动态面板各项参数

参数名	参数值
Name	Tab 选项卡
x	50px，面板左上角距左边界的距离
y	90px，面板左上角距上边界的距离
w	400px，面板宽度
h	300px，面板高度
State	State1，State2，State3，State4，4 个状态页面

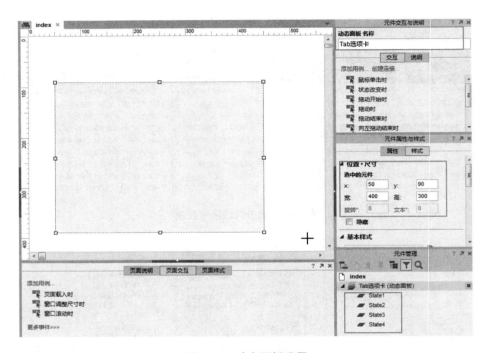

图 7 - 3　动态面板设置

步骤 2： 编辑动态面板的每一个状态页面，编辑插入列表、图片、文本等实际需要的内容，编辑好之后关闭动态面板，预览效果如图 7 - 4 所示。

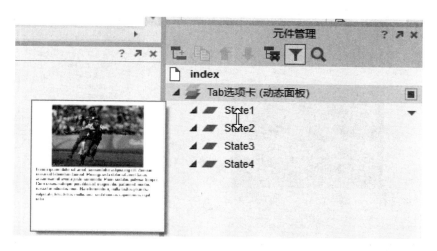

图 7 - 4　元件管理区预览动态面板

步骤 3：从元件库面板中拖入一个按钮形状元件，在属性面板中通过"选择形状"下拉框选择如图 7 - 5 所示的梯形，命名为"切换 1"，在按钮形状上删掉默认文本"ACTION"，输入文本"体育"；将设置好的按钮形状元件复制出三个，依次排开，如图 7 - 5、7 - 6 所示。

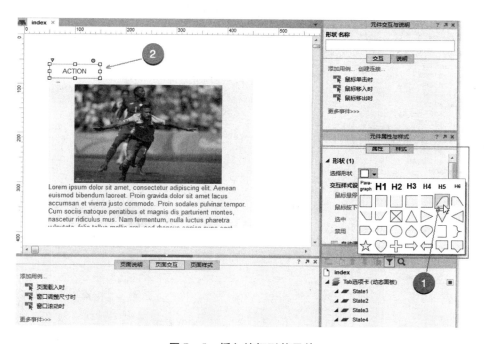

图 7 - 5　插入按钮形状元件

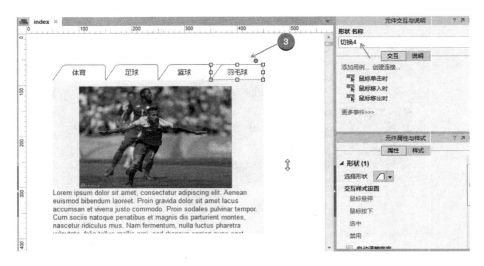

图 7-6　复制出三个按钮形状元件

步骤 4：选中"切换 1"按钮，在元件交互与说明面板中设置"鼠标移入时"事件用例，各项参数如图 7-7 所示，其他三个按钮也做类似设置，分别切换到 State2、State3 和 State4。

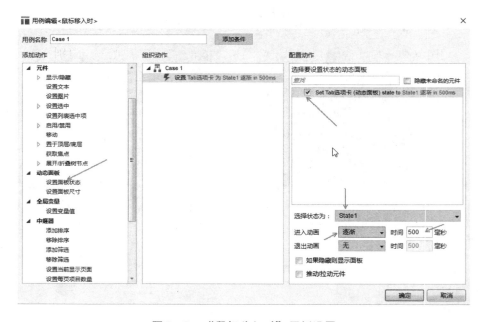

图 7-7　"鼠标移入时"用例设置

步骤 5：设置完成后保存，按 F5 键进行预览效果，如图 7-8 所示。

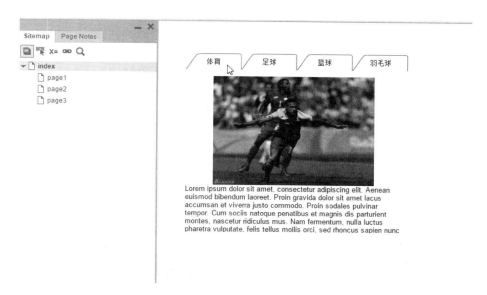

图 7-8　预览效果

3. 拓展阅读：移动端导航

从杜威十进制分类法到动物界的门纲目科属，庞大的信息通常会被分门别类加以管理，在我们这就叫层级结构。层级结构模型是人们最容易理解的分类结构模型，层级结构导航也是 App 中最常用的导航模型之一。

3.1　列表式导航

列表式导航中的每一个列表项（iOS 设计指南中为表格视图）都是进入子功能的入口，用户在每个页面选择一次导航，直至到达目标位置，并且模块之间的切换必须返回至列表主页当中。列表相当于一个一行一列的表格，列表项中既可以填充文字图片，也可以填充按钮或者展开某一项。

图 7 - 9　邮箱设置、iOS 设置中的列表导航设计

　　列表中可以填充更多的列表项，以扩展有限的屏幕空间上能够容纳的入口数量，可以用来展示信息记录、联系人列表等某一类别下的列表项记录。列表式导航也是最常见的导航方式之一，更多被用来做次级导航，多用在个人中心、设置、内容/信息列表中。

3.2　宫格式导航（跳板式导航）

　　宫格式导航可以看作列表式导航的变形，同样属于层级结构导航，不同于列表式导航的地方在于宫格式导航是以 N 行 N 列的表格来呈现，同时表格中元素以图片为主。宫格中一个格子代表一个功能/模块入口，从一个模块到另一个模块用户必须原路返回几步（或者从头开始），然后作出不同的选择。宫格式导航曾经在 App 中非常流行，主要是因为它能容纳更多的功能入口，同时可以跨平台，不受平台限制。

图 7 - 10　支付宝、钉钉卡片导航

当前，很少有产品会用宫格式导航做主导航，主要是利用宫格式导航的扩展功能来做次级导航，与标签式导航以及其他类型的导航模式共同构成整个应用的导航系统。

▌ 4. 课后习题

（1）简述选项卡的作用和应用场景。

（2）简述导航栏的样式及应用场景。

（3）浏览广州市交通技师学院主页（http：//www. gzjtjx. com），说明其导航栏的特点。如果让你设计学校导航，你将如何设计？请画出草图。

（4）在 Axure RP 中，当鼠标移到一个元件的区域时，如何改变其样式？

（5）在 Axure RP 中，进入动画和退出动画有哪些类型？

第八章　表单数据提交制作

■ 1. 应用场景

　　表单是网页中提供人机交互的一种手段，在网页中具有广泛的应用。无论是提交搜索信息，还是登录、注册、网页邮件收发等，都是通过表单来完成的。表单是用户与服务器之间沟通的桥梁，用户可以通过提交表单信息与服务器进行动态交流。表单也是网站管理员与用户的纽带，网站管理员利用表单处理程序可以收集、分析用户的反馈意见，作出科学合理的决策，图8-1、8-2所示分别为搜索表单、登录表单。

图8-1　搜索表单

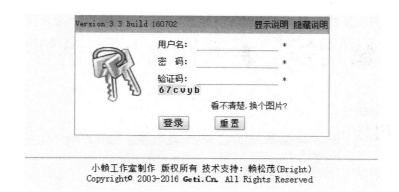

Version:3.3 Build 160702 　　　　显示说明 隐藏说明

用户名：＿＿＿＿＿＿ ＊

密　码：＿＿＿＿＿＿ ＊

验证码：＿＿＿＿＿＿ ＊

67cvyb

看不清楚,换个图片?

登录　　重置

图 8-2　登录表单

▍ 2. 制作过程

本案例利用第六章的新闻列表项目，为其增加表单控件，设置用例，实现动态增加新闻的功能，具体制作步骤如下：

步骤 1：打开第六章 Axure RP 项目文件"新闻 . rp"，在中继器元件上方，拖入一个文本框元件和一个提交按钮元件，把文本框元件命名为"新闻标题输入框"，提交按钮命名为"插入按钮"，按钮上的文本修改为"插入"，调整好元件位置，如图 8-3 所示。

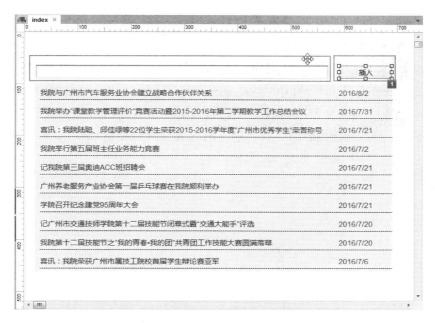

图 8-3　插入新闻录入元件

步骤 2：从 Axure RP 的菜单栏依次选择"项目"—"全局变量"命令，打开全局变量管理对话框，在对话框的工具栏点击"＋"图标，插入一个新全局变量，命名为"insertNewsTitle"，该变量用来保存文本框中输入的内容，完成之后点击"确定"按钮关闭对话框，如图 8－4 所示。

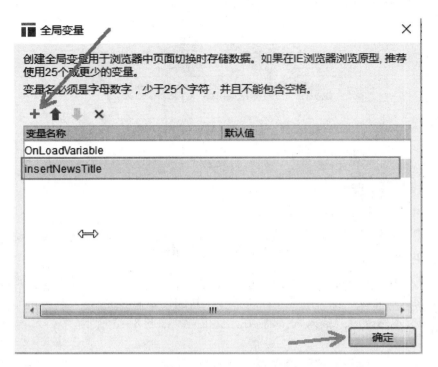

图 8－4　插入全局变量

步骤 3：选中"新闻标题输入框"元件，在右侧交互区点击"文本改变时"事件，在用例编辑对话框点击"设置变量值"，选中"insertNewsTitle to"复选框，点击右下角的 fx 按钮，从编辑文本对话框选择"插入变量或函数"，选择"This text"，最后点击"确定"关闭对话框。这样，当在文本框中输入任何内容时，就将输入的内容保存到变量 insertNewsTitle 了，如图8－5 所示。

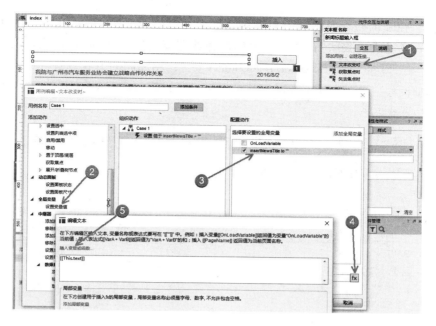

图 8－5　编辑文本改变事件用例

步骤 4－1：选中插入按钮元件，在交互面板中设置"鼠标单击时"用例，在用例编辑对话框中，依次选择"中继器"—"数据集"—"添加行"，在配置动作列表框中选中新闻中继器复选框，点击"添加行"命令按钮，如图 8－6 所示。

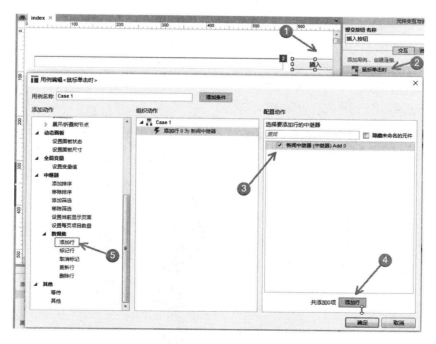

图 8－6　"鼠标单击时"用例编辑

步骤4-2：在弹出的添加行到中继器对话框中，选择 id 列下的 fx 按钮，弹出编辑值对话框，选择"插入变量或函数"，在下拉列表中选择数据集的"itemCount"变量，在 id 列编辑所插入的表达式：[[TargetItem. Repeater. itemCount+1]]；用相同的方式设置 title 为 [[insertNewsTitle]]，addDate 为 [[Now. toLocaleDateString ()]]，如图8-7、8-8所示。

图 8-7　编辑添加行到中继器

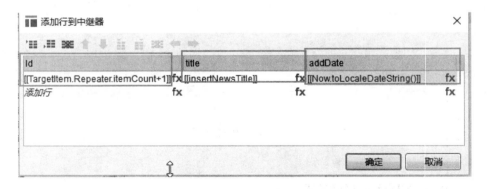

图 8-8　设置完成的中继器

步骤5：完成之后保存项目，按 F5 键预览，如图8-9、8-10所示。

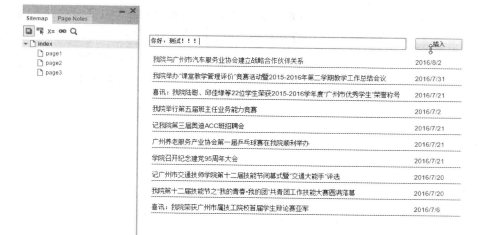

图 8 – 9　预览测试

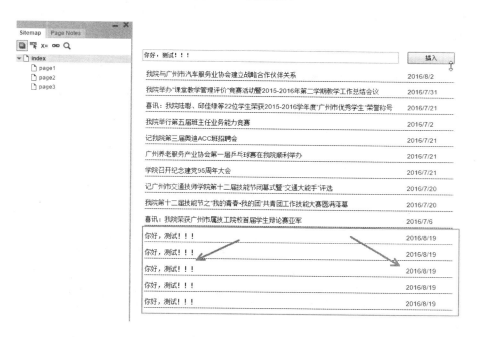

图 8 – 10　预览测试

3. 拓展阅读：中继器

3.1　中继器详细解读

中继器（Repeater）是 Axure RP 的核心功能，是目前为止 Axure RP 最复杂的功能，掌握它的使用方法有助于我们快速设计一些复杂的交互界面。中继器的应用主要分为数据集、交互和样式三大部分，如图 8-11 所示。

图 8-11　中继器三大部分

3.1.1　数据集

数据集是中继器的数据来源，可以通过在数据集中添加数据，然后将数据赋值给中继器的具体元件来实现赋值的效果，如果需要在中继器中添加图像，点击右键选择"导入图像"即可。如图 8-12 所示，最上面是数据列的名称，只支持英文命名，中间的部分是中继器的数据，两侧分别是新增列与新增行。

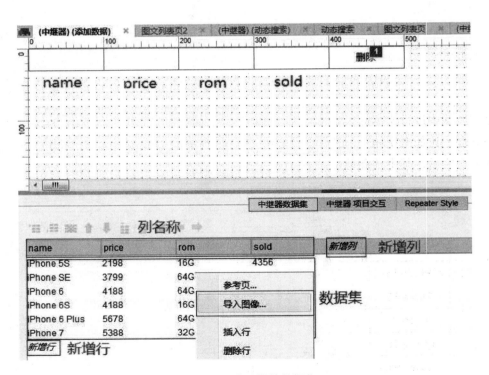

图 8-12　中继器的数据集

一个元件的数据值会对应中继器数据集中一列的数据，所以在命名的时候，最好将元件的名称与中继器数据集中的列的名称保持一致，这样在进行赋值的时候会比较方便，在图 8-12 中可以看到在对元件进行命名的时候，元件的名称与中继器数据集的列名称是保持一致的。

在中继器的数据集中添加的数据，是不会自动填充到中继器里的，在中继器中添加交互之后，才会将数据集中数据赋值给具体的元件，具体赋值操作如图 8 - 13 所示。在中继器交互中的"每项加载时"添加用例，然后将中继器中数据列的值，赋给具体的元件。

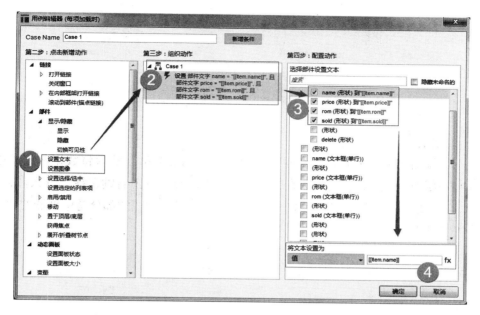

图 8 - 13　数据交互

在上述步骤中进行文本的设置，如果是设置图像，则选择"设置图像"，如果需要将文本进行其他的处理，比如对字体、颜色等进行变更，则将其中的值更换为富文本即可。赋值后的结果如图 8 - 14 所示，其中"删除"操作是富文本，标题为单独的元件，下方的方框区域为中继器部分。

名称	价格（元）	内存	销量（部）	操作
iPhone 5S	2198	16GB	4356	删除
iPhone SE	3799	64GB	1356	删除
iPhone 6	4188	64GB	2368	删除
iPhone 6S	4188	16GB	2568	删除
iPhone 6 Plus	5678	64GB	1256	删除
iPhone 7	5388	32GB	234	删除

富文本

图 8 - 14　富文本

3.1.2　添加交互

在中继器中主要的交互分为两大块，一块是针对中继器整体的，另一块是关于数据集的，如图 8 – 15 所示。

图 8 – 15　中继器交互

在关于中继器的部分中，有排序、过滤、分页等功能，在数据集中有着新增行、标记行、取消标记行、更新行、删除行等操作。这些操作比较简单，稍微摸索一下就能够掌握。

3.1.3　样式

中继器的样式主要有布局、背景、分页、间距等功能。布局就是选择列表的纵向和横向排列，以及每一列显示几个数据，即换行；分页功能则是将数据集中的数据进行分页展示，例如数据集中有 30 行数据，设置每页显示 3 个，则能够显示 10 页。

3.2　中继器动态搜索效果

动态搜索相对而言会复杂一点，因为动态搜索用到了中继器中的一些函数。在中继器中填充相应的数据，然后将中继器转化为动态面板，并且将它进行隐藏，之后是在输入框中添加交互事件"文字改变时"触发交互事件，如图 8 – 16 所示。

图 8 – 16   中继器的动态搜索

当触发交互事件时，进行条件判断，如图 8 – 17 所示。

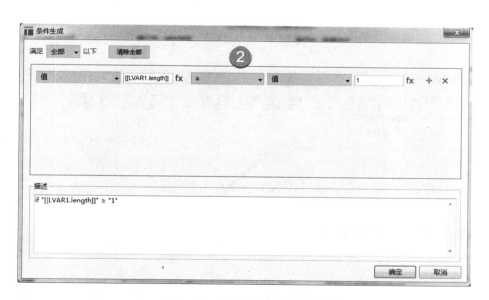

图 8 – 17   设置动态搜索的条件

如果输入框内的文字长度大于等于 1 时，则新增过滤器，如图 8 – 18 所示。

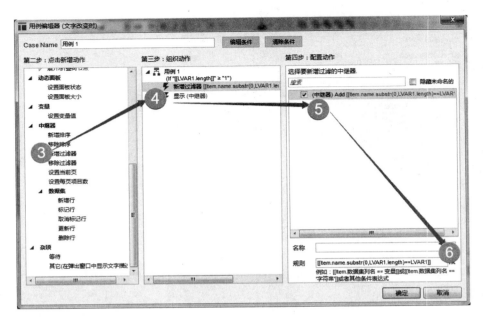

图 8 - 18　中继器增加过滤器效果

　　新增局部变量，在数据集中截取 0 到输入框内输入的文字长度的数据，如果截取的数据值与文本输入框中输入的值相等，则显示隐藏状态下的中继器。如果截取的数据值与文本输入框输入的值不相等，则隐藏中继器，如图 8 - 19 所示。

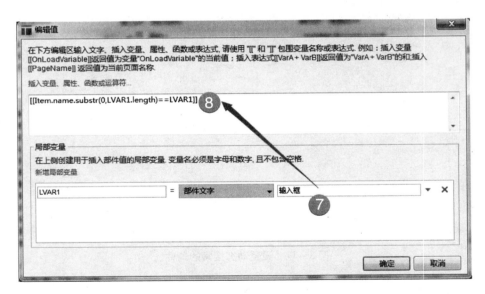

图 8 - 19　过滤条件

4. 课后习题

（1）什么是局部变量？如何应用？

（2）什么是富文本？

（3）什么是逻辑运算？Axure RP 中的逻辑运算符号有哪些？

（4）在 Axure RP 中，对数据集的列进行命名时，应该注意哪些问题？

（5）简述用 Axure RP 制作删除列表数据项的步骤。

（6）使用 Axure RP 的中继器制作如下效果图：

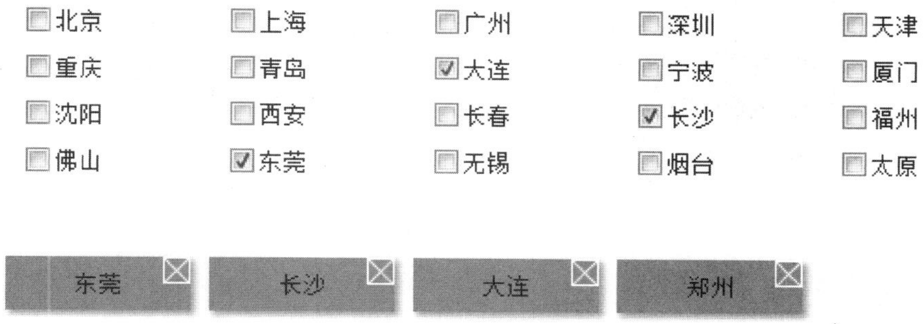

☐北京	☐上海	☐广州	☐深圳	☐天津
☐重庆	☐青岛	☑大连	☐宁波	☐厦门
☐沈阳	☐西安	☐长春	☑长沙	☐福州
☐佛山	☑东莞	☐无锡	☐烟台	☐太原

| 东莞 ☒ | 长沙 ☒ | 大连 ☒ | 郑州 ☒ |

图 8-20 效果图

第九章　进度条效果制作

1. 应用场景

进度条即计算机在处理任务时，以图片形式实时显示处理任务的速度、完成度、未完成任务量的大小和可能需要处理时间，一般以长方形条状显示。进度条的主要作用是给用户以直观的反馈效果，让用户清楚任务正在处理以及处理的进度情况。

网页上的进度条一般有 CSS + JavaScript 和 Flash 等多种实现方式，外观效果也是五花八门，实际使用时需要根据网站的整体风格进行设计，常用的进度条效果如图 9-1、9-2、9-3 所示：

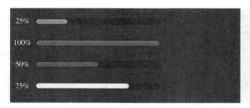　　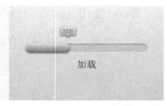

图 9-1　水平进度条效果　　　　图 9-2　圆形进度条效果　　　图 9-3　带百分比进度条效果

2. 制作过程

使用 Axure RP 制作进度条效果的方法并不复杂，主要思路是使用动态面板来改变形状的位置，同时使用变量记录进度，具体步骤如下：

步骤 1：新建 Axure RP 项目，在 index 页面，拖入一个动态面板元件，设置其宽度为 500，插入一个状态页面，命名为"进度条"，如图 9-4 所示。

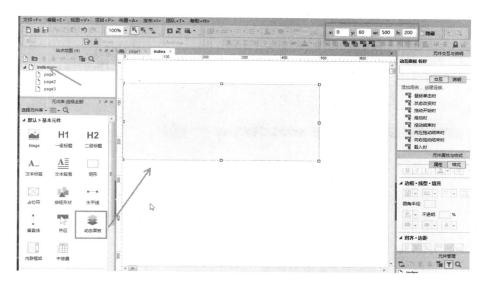

图9-4 插入动态面板

步骤2：在动态面板的下方，拖入一个提交按钮元件，命名为"开始"，修改显示文字为"开始"，该按钮用来启动进度条，如图9-5所示。

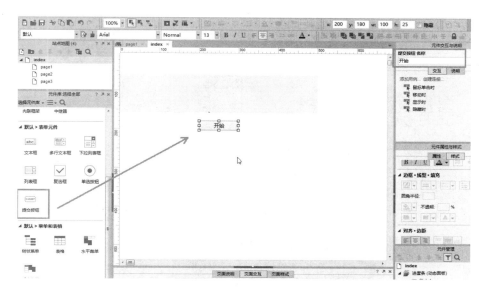

图9-5 插入提交按钮元件

步骤3：进入进度条动态面板的 State1 的编辑状态，拖入三个矩形元件，分别命名为"底层""中间"和"遮挡"；"底层"矩形的宽度为500px，高度为24px，边框线条宽度为1，颜色为黑色，无填充；"中间"和"遮挡"矩形的宽度为500px，高度均为22px，均无边框，"中间"矩形的填充颜色设置为红色，"遮挡"矩形的填充颜色为白色；将三个矩形重叠后放置在 State1 的范围内，如图9-6、9-7所示。

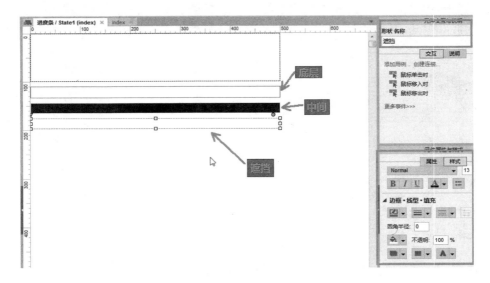

图 9 - 6　进度条分层

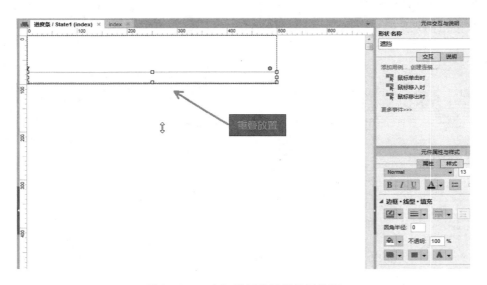

图 9 - 7　三个矩形元件重叠放置效果

步骤 4：在重叠矩形的上方拖入两个文本标签元件，第一个文本标签命名为"显示数码"，显示文字输入"0"，第二个文本标签输入"%"，按图 9 - 8 放置，退出 State1 的编辑状态。

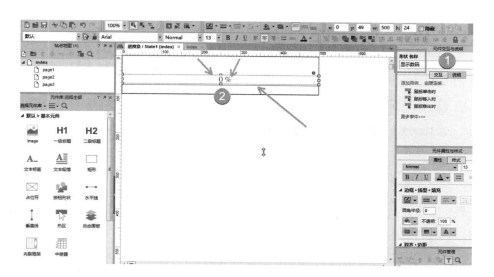

图 9-8　插入两个文本标签

步骤5： 依次打开"项目"—"全局变量"菜单，弹出全局变量对话框，使用添加按钮输入一个全局变量 *total*，默认值输入 0，如图 9-9 所示。

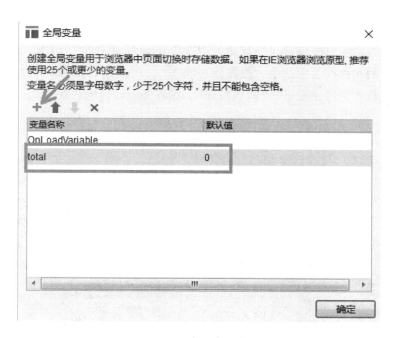

图 9-9　定义全局变量

步骤6： 从元件库中拖入一个动态面板元件，命名为"定时"，为动态面板插入两个状态页面，分别为 State1 和 State2，如图 9-10 所示。

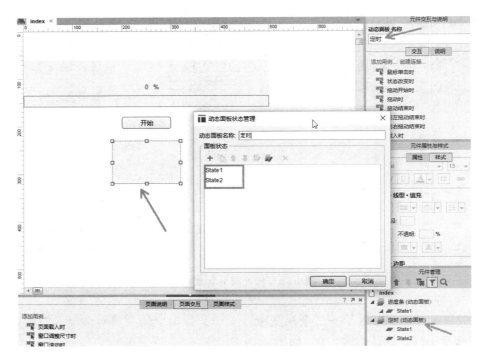

图 9 – 10　插入定时动态面板

步骤7：选中"开始"按钮，在交互面板中选中"鼠标单击时"用例事件，进入用例编辑对话框，在对话框的动作列表中选中"设置面板状态"，在配置动作面板中选中"Set 定时"动态面板的复选框，状态选择"Next""向后循环"，循环间隔设置为 300 毫秒，如图 9 – 11 所示。

图 9 – 11　"鼠标单击时"用例设置

Axure RP 案例教程

步骤 8 - 1：选中"定时"动态面板，为其"状态改变时"事件添加用例；在用例编辑对话框中的上部，点击"添加条件"命令按钮，在条件设立对话框中，在类别下拉列表框中选择"变量值"，在元素下拉列表框中选择"total"，在运算符号下拉列表框选择"<"，在最后的编辑框中输入"100"，如图 9 - 12 所示。

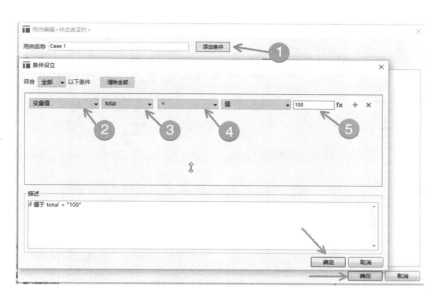

图 9 - 12　设置动态面板改变用例条件

步骤 8 - 2：继续编辑上一步骤用例，在添加动作面板中选择"设置变量值"，在配置动作面板中选中"total"变量的复选框，点击"fx"命令按钮，选择 total 变量复选框，并编辑变量表达式：[[total + 1]]，如图 9 - 13 所示。

图 9 - 13　用例中设置变量值

步骤 8-3：继续编辑上一步骤用例，在添加动作面板中选择"元件"—"移动"，在配置动作面板中选择进度条动态面板中的"遮挡"形状，在移动类型列表框中选择"相对"，x 值输入 5，选择移动动画类型为"线性"，动画持续时间为 300 毫秒，如图 9-14 所示。

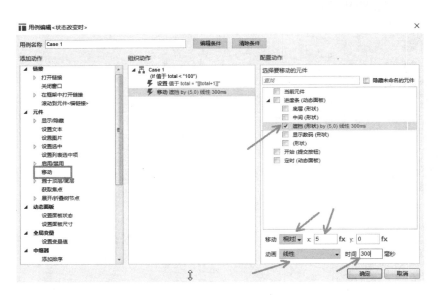

图 9-14　用例中设置形状移动

步骤 8-4：继续编辑上一步骤中的用例，在添加动作中选择"元件"—"设置文本"，在配置动作中选择进度条动态面板中的显示数码的复选框，在数值类型下拉框中选择"值"，点击"fx"命令按钮选择变量［［total］］，如图 9-15 所示。

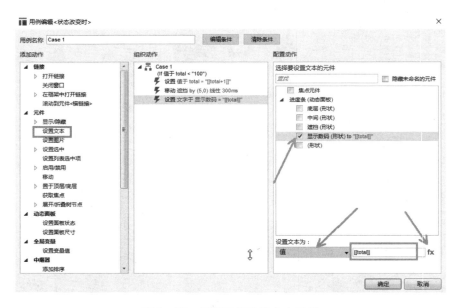

图 9-15　编辑用例设置文本显示

步骤9：关闭对话框和动态面板编辑页面，返回 index 页面，设置结束后的页面状态，如图 9－16 所示。

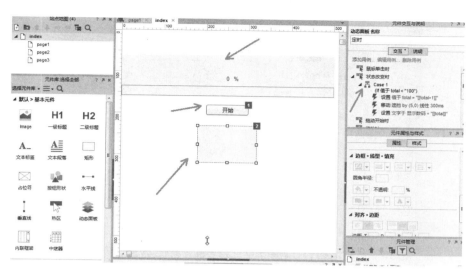

图 9－16　设置完成

步骤10：保存项目文件，按 F5 键预览效果；改变进度条显示速度的方法是：修改步骤 7 和 步骤 8－3 中动态面板切换的时间和动画持续的时间（两个部分的数值要一致），在制作过程中设置的时间是 300 毫秒，数字越小，进度条显示的速度越快，如图9－17、9－18 所示。

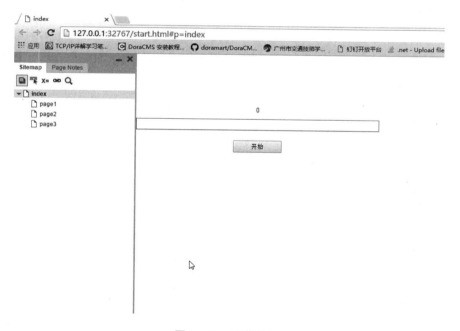

图 9－17　预览效果

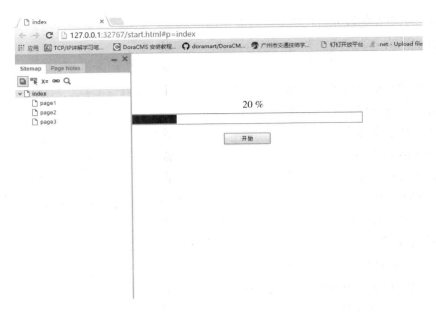

图 9 – 18 　点击开始按钮后进度条开始运行

▌ 3. 拓展阅读：Axure RP 设备尺寸自适应

3.1　不同设备的原型尺寸

随着电脑屏幕分辨率的提升，Web 端原型的尺寸也在改变。另外，随着各种移动设备的出现，原型不再仅仅面向 Web 端，如何在移动端的多种设备上浏览原型，以及原型的尺寸如何设置，成为新的问题。

先说 Web 端的原型尺寸。因为 Web 端高度不固定，所以这里只讲宽度。早些时候，电脑屏幕的分辨率宽度一般是 1 024px，所以 Web 端原型的尺寸一般采用 960px 的宽度。但是，现在屏幕分辨率宽度基本在 1 280px 以上，显然再用 960px 的宽度设计原型已经不太合适，所以，目前建议 Web 端原型宽度设置为 1 200px。

再说移动端的原型尺寸。因为移动端有横屏与竖屏的切换，所以宽度与高度均需确定。移动设备的快速发展，导致移动设备的屏幕分辨率多种多样，甚至同样分辨率的设备屏幕尺寸也不一样。那么，如何来确定面向某种设备的原型尺寸呢？以小米 4 手机为例，这款手机分辨率为宽 1 080px × 高 1 920px，屏幕尺寸 5 英寸。再以联想 Y700 笔记本电脑为例，其屏幕分辨率为宽 1 920px × 高 1 080px，屏幕尺寸 15.6 英寸。

通过对比，我们发现小米 4 手机的横屏分辨率和联想 Y700 笔记本电脑的分辨率是一样的。那么，我们想一下，小米 4 手机屏幕上有一个图标，联想 Y700 笔记本电脑上也有一个图标，如果这两个图标在视觉上大小相同，它们的实际大小（px）一样吗？如果电脑上的图标尺寸为

100px×100px，手机上的尺寸大概是多少呢？

其实，答案很简单。把手机横过来，在电脑屏幕上比较一下，电脑屏幕的宽度与高度基本上是手机的 3 倍。那么，也就是说电脑上尺寸为 100px×100px 的图标视觉尺寸，与手机上 300px×300px 的图标的视觉尺寸是趋近相同的。换句话说，同样物理尺寸的条件下，手机屏幕上的像素点数量是电脑屏幕上像素点数量的（约）9 倍。这是一个关于密度的概念。既然清楚这个对应关系，我们就能够知道在电脑屏幕上制作小米 4 手机的原型尺寸为：竖屏 360px×640px，横屏 640px×360px，即水平与垂直方向的数值均除以 3。

不过，上面的例子是以 5 英寸的手机举例，如果是 6 英寸的手机，屏幕分辨率同样为宽 1 080px×高 1 920px 时，原型的尺寸就可能会发生变化。就目前的情况来看，一般手机屏幕分辨率的尺寸是原型尺寸的 3 倍、2.5 倍、2 倍，有极少数手机是 2.75 倍。目前各种主流手机的原型尺寸，以竖屏尺寸为例，安卓手机是 360px×640px，苹果手机是 320px×568px（iPhone5）、375px×667px（iPhone6）、414px×736px（iPhone6 Plus）。

需要特别说明的是，iPhone6 Plus 的物理分辨率为 1 080px×1 920px，但输出分辨率为 1 242px×2 208px。也就是说 iPhone6 Plus 手机全屏截图得到的图片尺寸为 1 242px×2 208px，而不是1 080px×1 920px，所以需要以输出分辨率去推算原型尺寸。

3.2 创建不同设备的视图

在导航菜单"项目"的选项列表中，点击选项"自适应视图"，如图 9 - 19 所示。

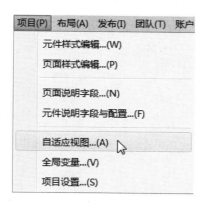

图 9 - 19 创建自适应视图菜单

在打开的窗口中，就可以设置支持各种原型尺寸的视图。默认情况下，会有一个基本视图，在没有与设备尺寸相匹配的视图时，将会显示基本视图。基本视图无须做任何设置，如果填写宽度和高度，只是在画布中出现相应的辅助线，而不会与该尺寸的设备相适应，如图 9 - 20 所示。

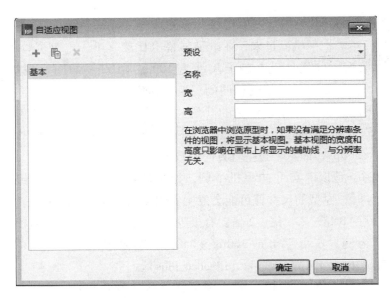

图9-20 自适应视图对话框

点击窗口中的"+"按钮可以添加新的视图，新的视图需要填写视图的名称、宽度和高度（可省略），如图9-21所示。

图9-21 添加自适应设备

每种新加的视图都需要继承自基本视图或其他视图。我们可以把被继承的视图称为父视图，把继承于父视图的视图称为子视图。在编辑视图内容时，默认情况下，编辑父视图内容，子视图会同步改变，如图9-22所示，而编辑子视图内容时，父视图不会有任何改变。但是，编辑父视图内容时，如果子视图相应的内容已经发生改变，则对父视图的编辑不会再影响到子视图。

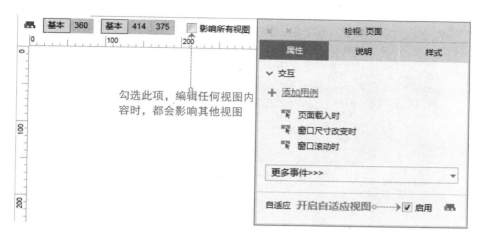

图 9－22　适配设备

■ 4. 课后习题

（1）简述进度条的作用和应用场景。

（2）什么是全局变量？它的作用是什么？

（3）简述定义全局变量的步骤。

（4）图 9－23 所示为 Axure RP 制作的登录页面效果，我们应该为其定义两个什么变量，请说明理由。

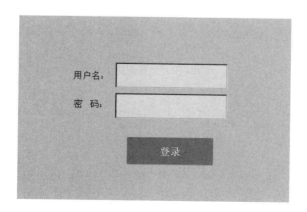

图 9－23　登录页面效果

（5）如图9－24所示，在 Axure RP 条件生成器中，三个条件之间的关系是怎样的？

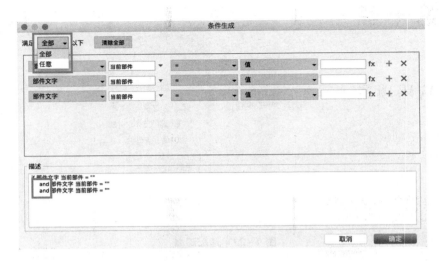

图9－24　条件生成器

第十章 iPhone 滑动解锁效果制作

1. 应用场景

滑动解锁和滑动接听电话等功能在 iOS 系统和 Android 系统已得到广泛应用，不少 App 界面也用滑块效果作为单选框的界面，如图 10 – 1 所示。

图 10 – 1　手机滑动解锁界面截图

2. 制作过程

使用 Axure RP 制作手机滑动解锁效果用到的元件有动态面板、按钮形状、图片等。此外，为方便制作，还需使用金乌部件库。具体的制作步骤如下：

步骤 1：启动 Axure RP pro 7.0，单击元件库面板的"选项"图标，从下拉列表中选择"载入元件库"命令，在"打开"对话框中，切换到金乌部件库目录，选中需要的部件，单击"打开"命令按钮，Axure RP 开始安装选中的部件库，安装时间取决于选择部件的多少和总大小，如图 10 – 2、10 – 3 所示。此步骤在前文中已有简要介绍。

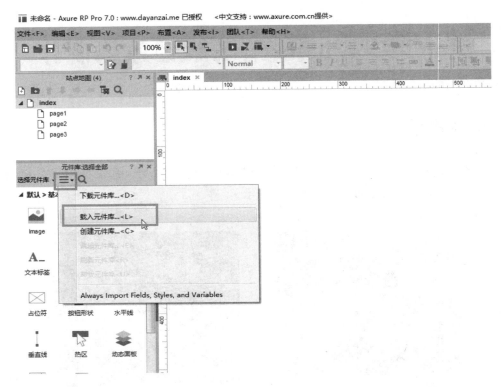

图 10 – 2　安装金乌部件库

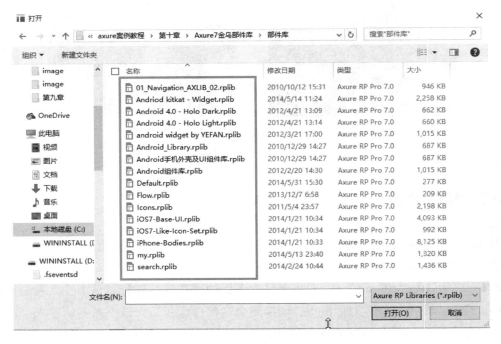

图 10 – 3　金乌部件库包含的部件

步骤2：从默认元件库中，拖放一个动态面板元件到 index 页面，命名为"手机"，插入两个状态页面：State1 和 State2，如图 10 – 4 所示。

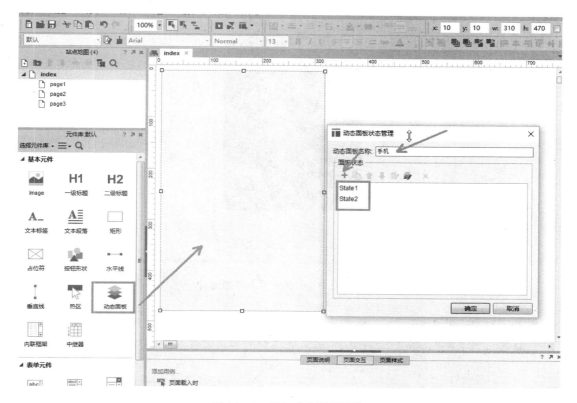

图 10 – 4　插入动态面板元件

步骤3：进入 State1 的编辑界面，在元件库面板首先选择"iPhone – Bodies"元件类别，在出现的各种手机图标中，将 5. White. Off 元件拖入 State1 中，调整元件大小，使其正好处于手机动态面板的虚框内，如图 10 – 5 所示。

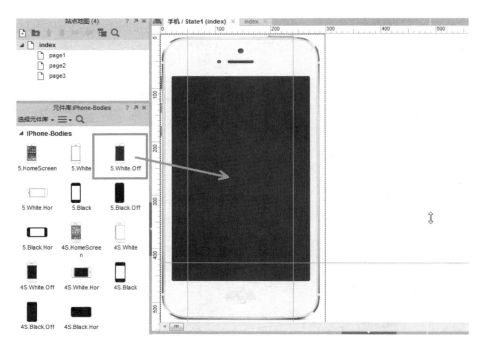

图 10 - 5   在 State1 中插入手机元件

步骤 4：继续编辑 State1，从元件库面板中拖入一个 image 元件，放置在手机底部即滑动解锁区域，命名为"滑块"，双击"滑块"，导入准备好的手机解锁滑块图片，如图 10 - 6 所示。

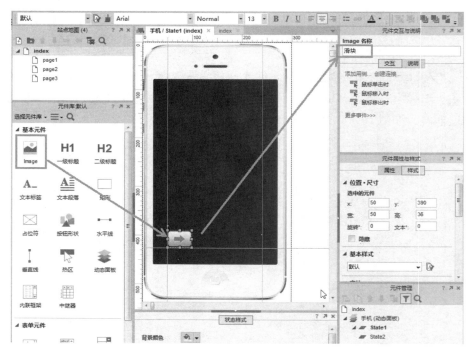

图 10 - 6   插入手机滑块 image 元件

步骤 5：继续编辑 State1，从元件库面板中拖入一个矩形元件，命名为"边界"，样式设置为无边框、无填充，放置在滑块滑动范围的尾部，如图 10 - 7 所示。

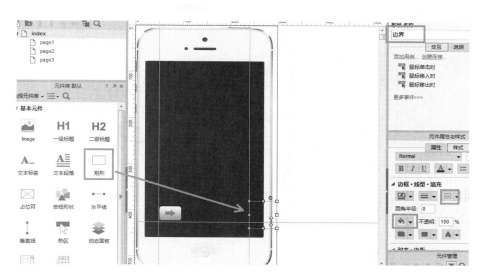

图 10 - 7　插入滑动边界元件

步骤 6：依次打开 Axure RP 菜单"项目"—"全局变量"，在打开的全局变量对话框中选中"+"命令按钮，定义一个 *hk* 的全局变量，用于记录滑块的水平位置，如图 10 - 8 所示。

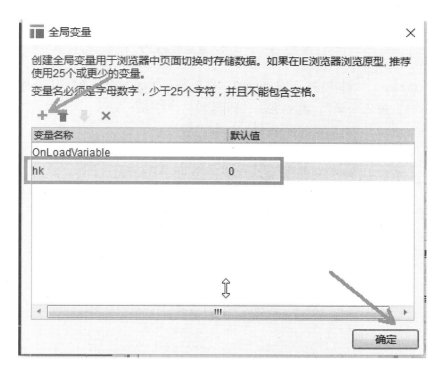

图 10 - 8　定义 *hk* 全局变量

步骤7：选中"滑块"元件，在交互面板中选中"移动时"事件，在用例编辑对话框中选择"全局变量"—"设置变量值"，选中 hk 变量的复选框，按"fx"选择滑块的 x 值，如图 10 - 9 所示。

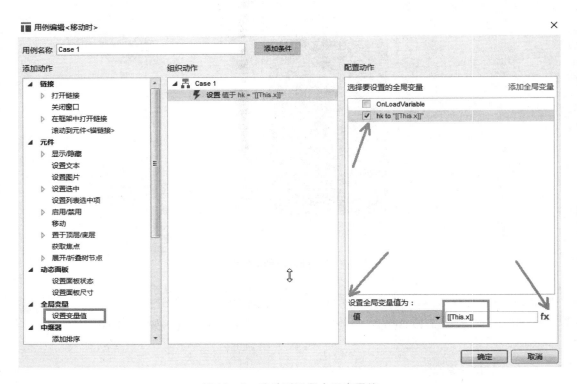

图 10 - 9　移动时设置全局变量值

步骤8：关闭 State1 编辑状态，双击 State2，进入 State2 的编辑状态，从元件库面板中选择 5. HomeScreen 元件，拖入 State2，调整大小，如图 10 - 10 所示。

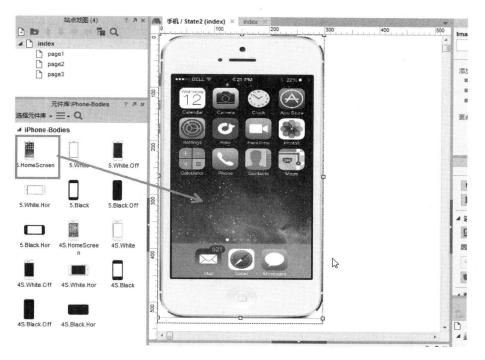

图 10 - 10　State2 插入元件

步骤 9：返回 index 页面，选择手机动态面板，选择"拖动时"事件，添加用例；在用例编辑对话框中，选择"添加条件"命令按钮，进入条件编辑对话框，插入两个条件：hk 变量值大于等于 50 和"滑块"元件未接触边界元件，如图 10 - 11 所示。

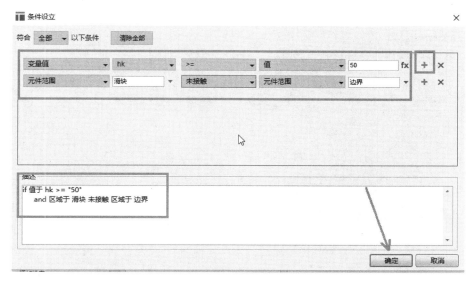

图 10 - 11　编辑条件

步骤 10：继续编辑用例，选择"元件"—"移动"动作，在配置动作中选中滑块的复选框，在移动类型中选择"水平拖动"，按"确定"关闭用例编辑，如图 10 – 12 所示。

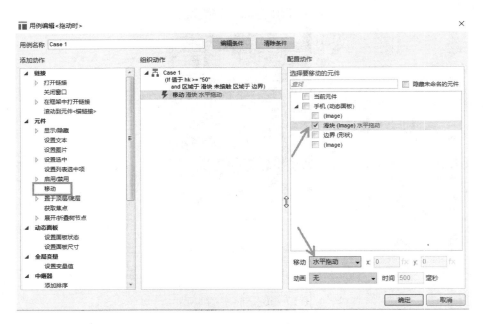

图 10 – 12　移动滑块

步骤 11：为"拖动时"再添加一个用例，在用例编辑对话框中选择编辑条件，在条件编辑对话框中添加两个条件：全局变量 hk 大于 50 和滑块接触边界，如图 10 – 13 所示。

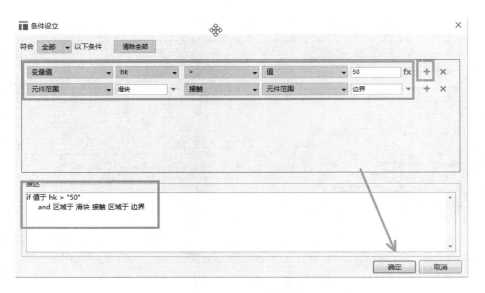

图 10 – 13　添加用例条件

步骤 12：在添加动作中选择"动态面板"—"设置面板状态"，在配置动作中选择 Set 手机复选框，状态中选择切换到State2，动画效果选择"逐渐"，时间持续 100 毫秒，点击"确定"按钮关闭对话框，如图 10 - 14 所示。

图 10 - 14　配置动态面板切换

步骤 13：保存项目文件，按 F5 键预览效果，如图 10 - 15、10 - 16 所示，鼠标拖动滑块到一定区域，动态面板自动切换到 State2。

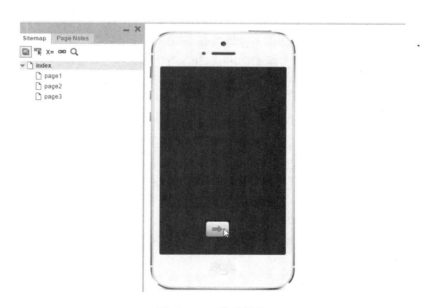

图 10 - 15　拖动滑块

图 10 – 16　拖动到一定位置解锁

■ 3. 拓展阅读： Axure RP 常用操作技巧

3.1　栅格设置

Axure RP pro 6.5 以后的版本默认隐藏了栅格，许多人对此很不适应，仿佛不知该如何对齐控件了。要打开辅助线，只需点击菜单栏的"线框 – 栅格和辅助线"，把"隐藏栅格"前面的钩去掉就行。另外在"栅格设置"里，还可以调整栅格的间距、样式（点或线）以及 DPI。此外，Axure RP 还具有辅助线功能，操作方法类似 Photoshop 的参考线：用鼠标从标尺拖出，合适位置放开即可，如图 10 – 17 所示。

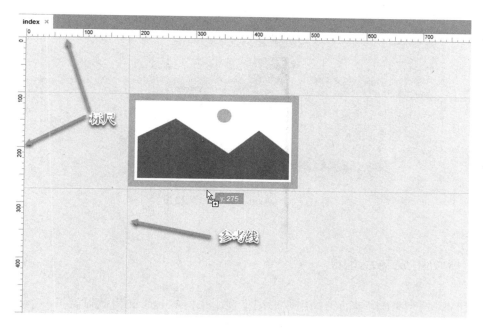

图 10 – 17　Axure RP 参考线

3.2　创建多个页面注释

Axure RP 里的每个页面都有一块"页面注释"区域。你可以创建多个页面注释，方法就是点击"线框管理页面注释"，在弹出的面板中增加注释，这样所有页面都会多出来这个新的注释。这个技巧可以用来写页面的调整历史（每个注释代表一个版本），或者在多人协作编辑时区分不同人编写的注释。

3.3　手绘风格以及页面模式中的其他功能

Axure RP 从 6.0 版本开始就加入了手绘风格。在页面模式里有个草图的选项，可以设置手绘风格的"扭曲度"。默认是 0，横平竖直，数字越大越"扭曲"、越"手绘"。页面模式里还有其他一些有用的功能，例如设置页面背景色、背景图（支持图片平铺）、整个页面的对齐方式（默认是横竖都居中），甚至一键把页面变成黑白模式（颜色里的第二项），如图10 – 18所示。

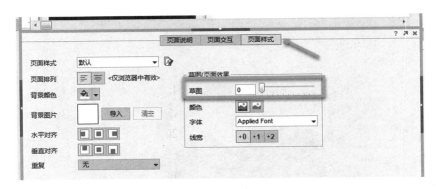

图 10 – 18　Axure RP 手绘风格设置

3.4　自动生成站点地图

有时我们需要把整个站点的结构用树形图呈现出来，Axure RP 为此提供了一个快捷的方法：在站点地图区域对准你希望生成树形图的主干点右键，选择"图表类型"——"流程图"，就能自动生成图表形式的站点地图。点击图表上的每个控件，就会跳转到对应的页面。另外，你还可以自定义流程图控件的链接页面，方法是双击控件，再选择需要链接到的页面。

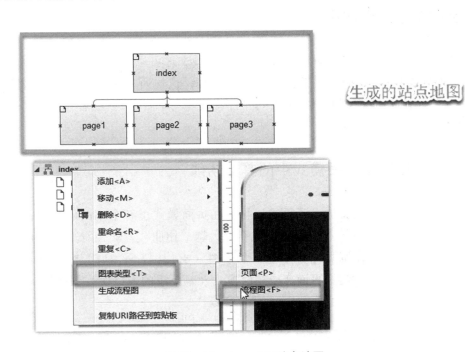

图 10 – 19　Axure RP 站点地图

3.5 左右滑动与拖曳

Axure RP 在 6.5 以后的版本中，动态面板新增了针对手机应用的向左拖动和向右拖动两个用例，同时强化了拖曳相关操作的交互。现在，你可以实现让动态面板只能横向/纵向拖动、拖动结束后返回/不返回原位等丰富的动作了，如图 10 - 20 所示。

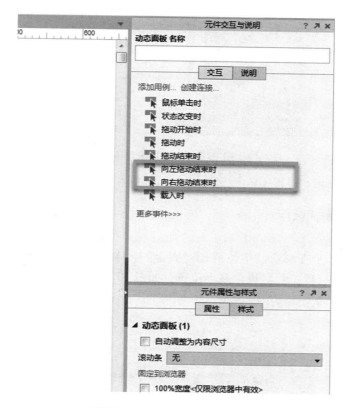

图 10 - 20　Axure RP 拖曳动作

3.6 给动态面板添加滚动条

有些时候你想做一个长宽距离都有限制的容器，让用户拖动滚动条来查看容器中的元素。内部框架在这方面很局限，你需要利用动态面板的 Scrollbar 属性。右键点击"动态面板"—"滚动条"，你会看到四个带滚动条命令的属性，根据需要进行选择，然后你的这个动态面板就能承载并通过滚动条来显示超过自身大小的内容了，如图 10 - 21 所示。

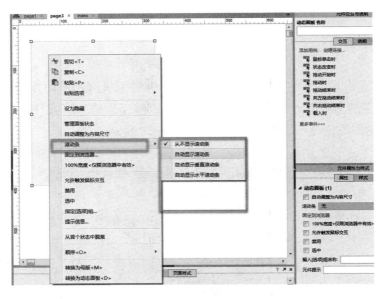

图 10-21　添加滚动条

3.7　在浏览器中悬浮

有时候你需要做一个在浏览器中位置相对固定的元素，这时候你还是要用动态面板。右键点击"固定到浏览器窗口"，然后设定悬浮位置，如图 10-22 所示。

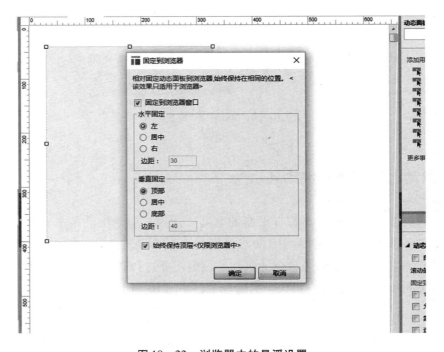

图 10-22　浏览器中的悬浮设置

3.8 移动动作

在用例编辑中有一个动作叫"移动"，可以让动态面板移动到指定的位置，并可配合动画效果（直线移动、摆动、旋转移动等）。这非常适合用来做菜单的展开/折叠、滑动、图片传送带等效果。

3.9 地图拖曳效果

想制作一个可以用鼠标拖来拖去的地图效果，这在 Axure RP 里也并非不可能，只是操作稍微复杂。你需要创建一对嵌套的动态面板，每个动态面板都只有一个 State。外部的动态面板是地图容器，内部的面板用来放置地图图片。当设置好两个面板后，给地图容器添加一个"拖动时"的用例，并指定动作为移动，而需要移动的面板正是地图内容，再把移动下拉框选为"拖动"，即大功告成，如图 10 – 23 所示。

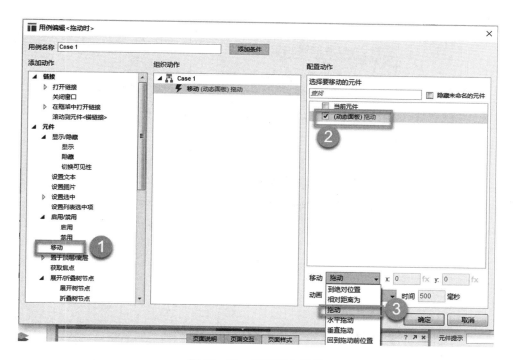

图 10 – 23   地图拖曳效果

3.10 三种类型的母版

母版是一种类似"印章"的操作。对于需要重复使用的控件组，你可以把它们做成一个母版，然后只需拖曳便可重复创建，非常方便。不过这只是母版的三种类型之一，叫"任意位置"。第二种类型叫"置于底层"，这种母版拖入页面后的位置是固定的，并且放在最底层。这种母版适合做页面模板，例如在制作手机应用的原型时，可以拿来做手机外形的效果。第三种叫"自定义组件"，这种母版一旦拖进页面，便与母版失去了关联，但是其中的控件变得可以编辑了。要改变母版的类型，只需对着一个母版点右键选择"添加到页面"，再选择需要的类型。三种类型的母版如图 10 – 24 所示。

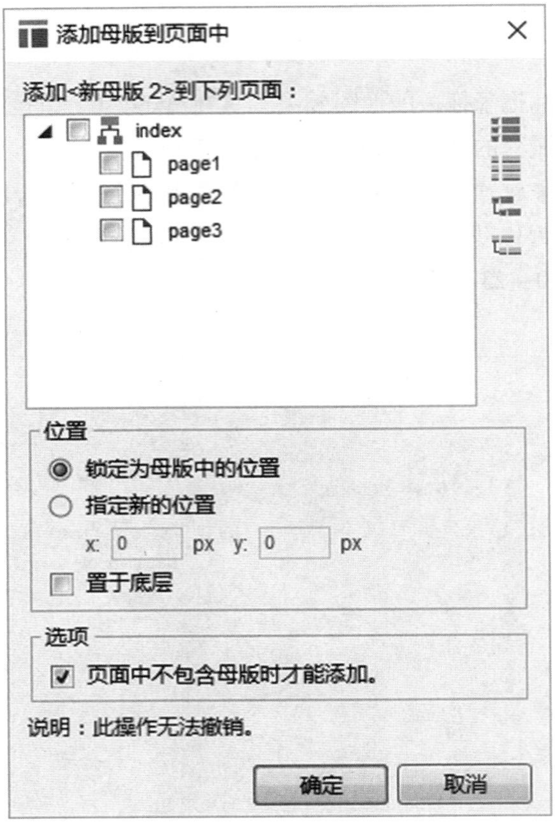

图 10 – 24　母版使用

3.11　给母版创建事件

事件是母版的强化剂，通过定义事件，一个母版可以在不同页面实现不一样的交互效果。在母版的用例编辑中，动作列表中会多出来一个触发事件，你可以创建多个事件。当再把这个母版拖进页面时，在它的部件属性面板中，先前创建的事件就会作为用例显示出来。这个功能的一个典型应用场景就是翻页。创建一个可以复用的"上一页—下一页"母版，并给"上一页"和"下一页"触发不同的事件，当你再把这个母版拖进页面时，就可以为"上一页"和"下一页"指定不同的链接了。Axure RP 官网有个例子值得学习（http：//archive. axure. com/learn/ masters/raised – events/next – previous – link – tutorial），如图 10 – 25 所示。

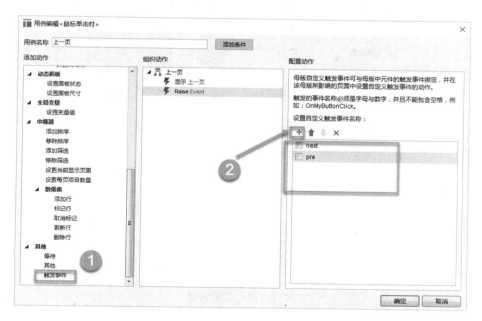

图 10 – 25 母版事件

为某个母版创建两个事件，一个叫 ShowNextPictrue，一个叫 ShowLastPictrue，然后这个母版就多了两个用例，如图 10 – 26 所示。

图 10 – 26 为母版创建事件

3.12 使用变量

变量可以帮助用户在多个页面间传递数值，它需要与用例编辑中的"设置变量值"结合使用。例如我们做一个根据登录者用户名显示不同的欢迎语句的交互，就可以先创建一个叫

"UserName"的变量,当用户点击"登录"按钮后,将"用户名"一栏的值存储到 UserName 中(使用设置变量值),如图 10-27 所示;再给显示欢迎语的页面添加一个 OnPageLoad 的用例(依然使用设置变量值),将 UserName 的值设置给欢迎语中显示用户名的地方。

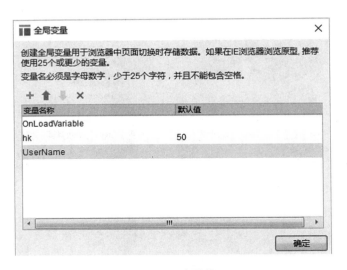

图 10-27　变量管理

3.13　在原型里加入 Logo

创建原型时,在"Logo"里可以为你的原型添加 Logo 和标题语,这样在导出的原型中,左上角就会显示刚才添加的 Logo 和标题语,如图 10-28 所示。

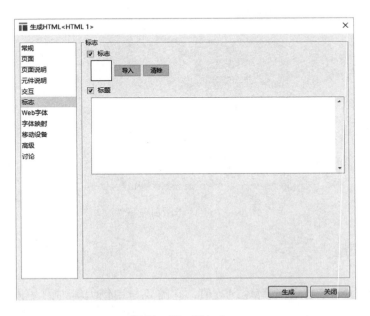

图 10-28　添加 Logo

4. 课后习题

（1）简述在 Axure RP 中安装第三方元件库的过程。

（2）在滑动解锁项目中，如何判断滑块是否移出边界？

（3）在 Axure RP 中，哪些元件可以实施拖曳操作？

（4）如图 10 – 29 所示，在 Axure RP 中插入 image 元件，如何实现鼠标移入图片范围放大图片？

图 10 – 29　在 Axure RP 中插入 image 元件

第十一章　登录效果制作

▇ 1. 应用场景

　　登录模块是现代各类软件、系统的基本功能，无论是基于 B/S 的应用还是 C/S 结构应用，都需要对访问的用户进行认证。用户在登录界面中输入用户名和密码，点击"登录"按钮后，后台对用户输入信息进行判断，如果与数据库保存的用户信息一致，则页面转入相应的功能页面，否则显示提示信息，如图 11 – 1、11 – 2 和 11 –3 所示。

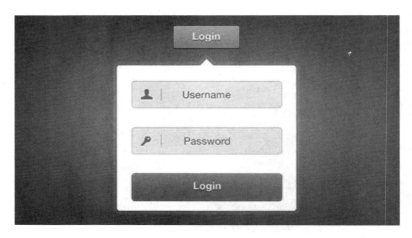

图 11 – 1　一般登录界面

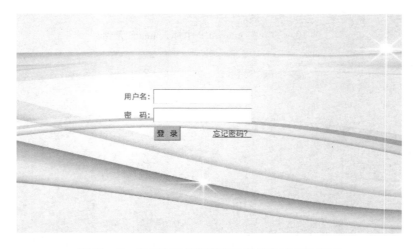

图 11 – 2　广州交通技师学院数字化校园登录界面

登录

用户名

密码

☐ 记住用户名

登录

忘记用户名或密码了?

您浏览器的 cookies 设置必须打开 ⑦

图 11 - 3　广州交通技师学院在线学习系统登录界面

2. 制作过程

在 Axure RP 中实现登录界面，主要用到表单、中继器、动态面板等元件。表单元件接受用户的输入信息；中继器中保存预设的用户名和密码；动态面板元件实现登录前、登录后、错误提示等显示效果的切换。制作步骤如下：

步骤 1：启动 Axure RP pro 7.0，新建项目，在元件库面板中拖放一个动态面板元件，命名为"Form"，插入两个状态页面，分别命名为 State1 和 State2。

步骤 2：进入"Form"动态面板的 State1 页面，从元件库面板中拖放一个矩形元件到 State1 中，设置其高度为 280px，宽度为 440px，并将其置于底层，如图 11 -4 所示。

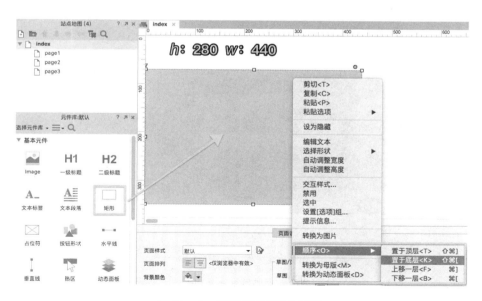

图 11 -4　设置登录表单的背景

步骤 3：从窗口的水平标尺区域，按住鼠标左键，分别拖出三条水平定位参考线，再从垂直标尺中拖出两条垂直参考线，参考线用来定位元件的位置，如图 11 - 5 所示。

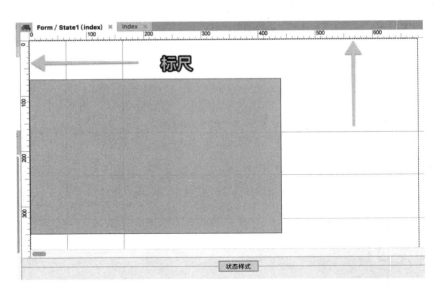

图 11 - 5　添加参考线

步骤 4：从元件库面板中拖入一个一级标题元件，输入"用户登录"文本；拖放两个文本标签元件，分别输入"用户名""密码"文本；拖入两个文本框元件，分别命名为"用户名输入框"和"密码输入框"；拖入一个提交按钮元件，输入"确认"文本，各元件的摆放位置如图 11 - 6 所示。

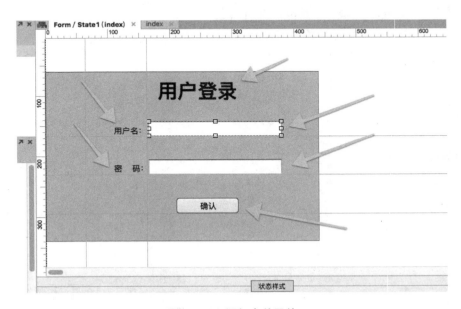

图 11 - 6　添加表单元件

步骤5：选中密码文本框元件，在元件属性与样式区中，选择"属性"，文本框的类型选择"密码"，如图 11 - 7、11 - 8 所示。

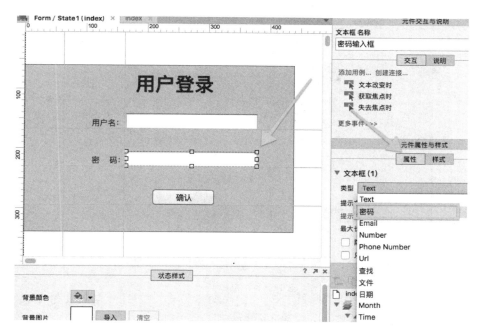

图 11 - 7　设置文本框类型

图 11 - 8　设置文本框提示样式

步骤6： 选中用户名文本框元件，在元件属性与样式区中的文本框提示文字处输入"请输入用户名"，在提示样式对话框中选择字体颜色为浅灰色，填充颜色为橙黄色，如图11-9所示。

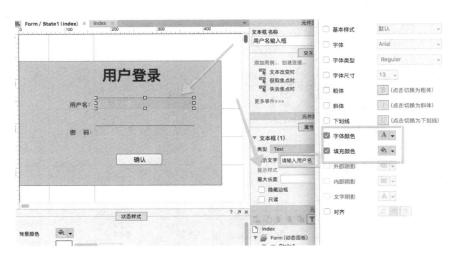

图11-9　设置用户名提示信息

步骤7： 依次打开菜单栏中"项目"—"全局变量"命令，打开全局变量定义对话框，通过点击"+"按钮添加两个变量：*user* 和 *psw*，如图11-10所示。

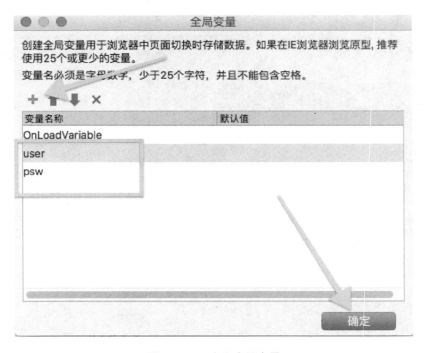

图11-10　定义全局变量

步骤 8：选中用户名文本框，在交互面板中选中"文本改变时"事件，打开用例编辑对话框，在添加动作中选择"全局变量"—"设置变量值"，在配置动作中选择 user 的复选框，变量值类型选择"值"，选择"fx"按钮，在对话框中选择 text：[[This. text]]，如图 11 – 11 所示。

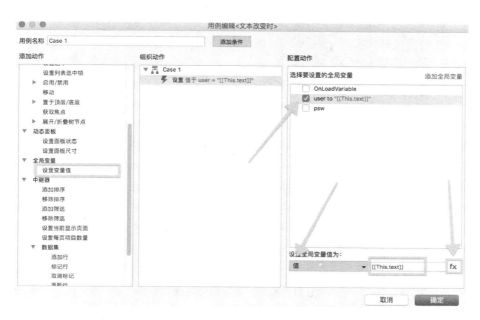

图 11 – 11　设置用户名文本框用例

步骤 9：选中密码文本框，在交互面板中选中"文本改变时"事件，打开用例编辑对话框，在添加动作中选择"全局变量"—"设置变量值"，在配置动作中选择 psw 的复选框，变量值类型选择"值"，选择"fx"按钮，在对话框中选择 text：[[This. text]]，如图 11 – 12 所示。

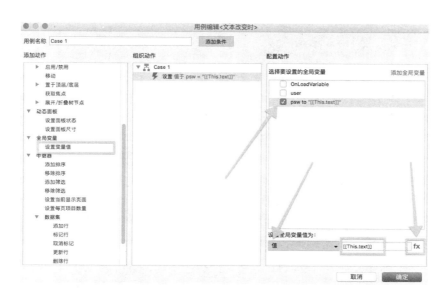

图 11 – 12　设置密码文本框用例

步骤 10： 选中"确认"按钮，编辑鼠标单击时用例，在添加动作中依次选择"中继器"—"数据集"—"删除行"，在配置动作中选择用户数据库的复选框，下方选择"已标记"，点击"确定"关闭对话框，如图 11－13 所示。

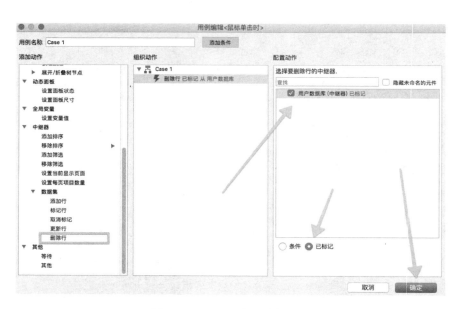

图 11－13　配置确认按钮用例

步骤 11： 返回 index 页面，选择中继器，在交互页面选择"每项加载时"事件，编辑用例界面选择添加两个条件，第一个是：Item. user 的值与 *user* 变量的值相等，第二个是：Item. psw 的值与 *psw* 变量的值相等，如图 11－14 所示。

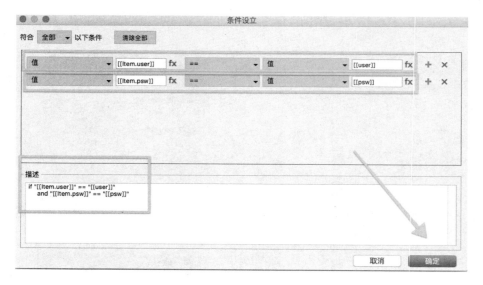

图 11－14　添加用例条件

步骤 12：继续编辑中继器用例，在添加动作中选择"动态面板"—"设置面板状态"，在配置动作中选择 Set Form 动态面板，状态中选择 State2，点击"确定"即可，如图 11 - 15 所示。

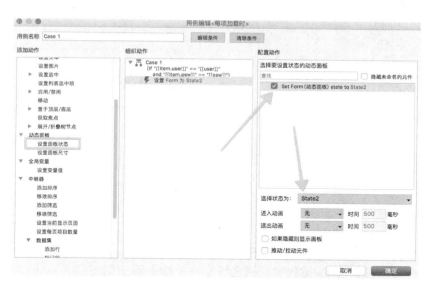

图 11 - 15　登录成功动态面板切换到 State2

步骤 13：继续为中继器的"每项加载时"事件添加一个新用例 case2，用例自动添加的 else 条件，在添加动作中选择"元件"—"显示/隐藏"—"显示"，在配置动作中选择 Form 动态面板里的"提示信息"元件，在可见性中选择"显示"，如图 11 - 16 所示；继续在添加动作中选择"元件"—"设置文本"，在配置动作中选择 Form 中继器中的提示信息元件，在"设置文本为"输入框输入提示信息"用户名或密码错误"，点击"确定"按钮即可返回页面，如图 11 - 17 所示。

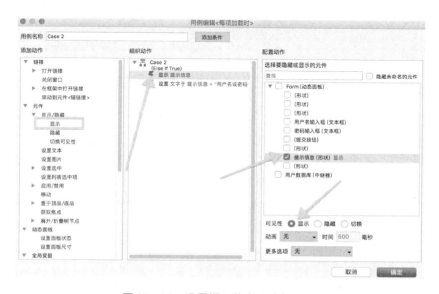

图 11 - 16　设置提示信息文本框可见

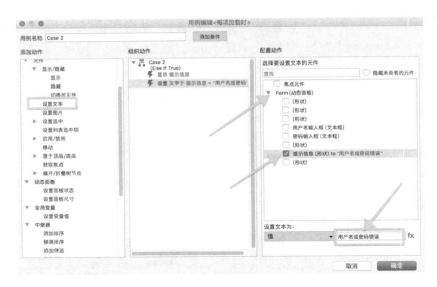

图 11 - 17　设置错误提示信息

步骤 14：保存项目，按 F5 键预览，挑选任意一条中继器中的记录，点击"确认"按钮后，自动切换到登录成功页面；输入错误的用户名或者密码，出现错误提示信息，如图 11 - 18、11 - 19 所示。

图 11 - 18　输入正确用户名和密码页面状态

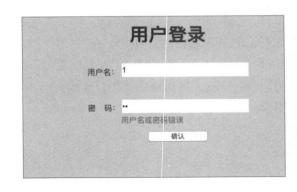

图 11 - 19　输入错误用户名或密码页面状态

3. 拓展阅读：文本框元件条件验证

输入验证是各类软件及网站进行用户输入合法性初步检查的常用手段。在 Axure RP 的原型制作中，也常常需要模拟出此类功能。本案例通过使用 Axure RP 中文本框的手机号码输入合法性验证来说明这类效果的制作方法。

原型效果：当输入的手机号码格式错误时，显示错误提示；否则，显示正确提示。

正确格式要求：

①输入的文字全部为数字；

②字符长度为11位；

③第一位字符必须为1；

④第二位字符不能为0、1、2或6。

3.1 元件准备

如图11-20所示，元件准备包括文本框和文本标签。

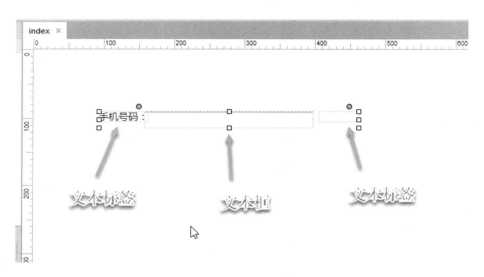

图11-20 元件准备

①文本框（用于输入手机号码）：numberInput。

②文本标签（用于显示验证结果的提示）：messageLabe。

3.2 实现技术要点：

①限制文本框内可输入字符个数最多11个；

②根据案例描述进行条件判断；

③设置满足全部条件时，给出验证正确的提示；

④设置不满足必须的条件时，给出验证错误的提示；

⑤设置光标进入文本框时，清空验证提示。

步骤1：在 numberInput 元件的属性中，设置"最大长度"为"11"，如图11-21所示。

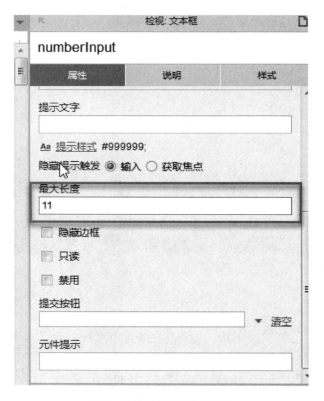

图 11 - 21　设置文本框属性

步骤 2：为 numberInput 元件的"失去焦点时"事件添加"用例 1"，第一个判断条件依次设置为"元件文字"、"This"（当前元件）、"是"、"数字"；这一步为判断输入的字符全部是数字，如图 11 - 22 所示。

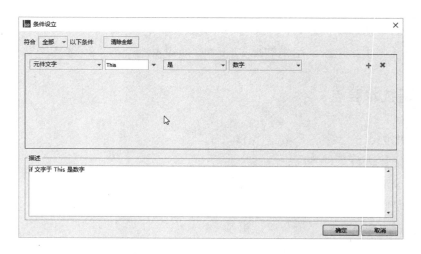

图 11 - 22　设置第一个判断条件

步骤 3: 点击第一个条件后方的"+"按钮,继续添加第二个判断条件:"元件文字长度"、"This"(当前元件)、"= ="、"值"、"11",这一步为判断输入的字符个数是 11 个,如图 11 – 23 所示。

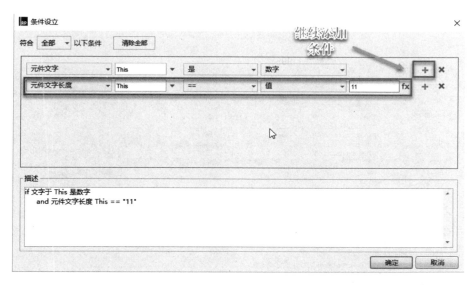

图 11 – 23 设置第二个判断条件

步骤 4: 点击第二个条件后方的"+"按钮,继续添加第三个判断条件:"值""[[This. text. charAt(1)]]""= =""值""1",这一步为判断首字符等于 1,如图 11 – 24 所示。

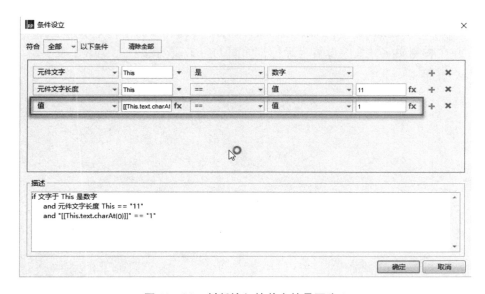

图 11 – 24 判断输入的首字符是否为 1

步骤 5：点击第三个条件后方的" + "按钮，继续添加最后一个判断条件："值""[[This. text. charAt（1）]]""不是""之一"，点击"自定义选项"，在输入区域不同的行中输入"0""1""2"和"6"。这一步为判断第二位字符不是"0""1""2"或"6"四个数字之一，如图 11 –25 所示。

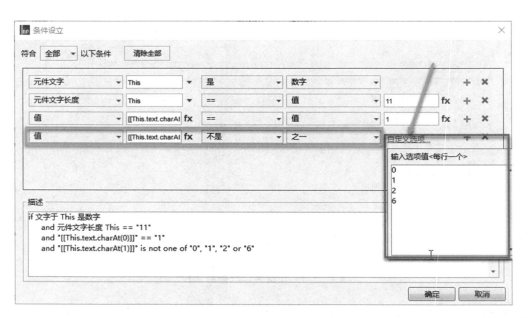

图 11 –25　判断输入的第二个字符是否符合要求

步骤 6：添加完所有条件后，点击"确定"按钮，继续编辑。在用例编辑对话框的添加动作中选择"元件"—"设置文本"，在配置动作中勾选 messageLabe 的复选框，设置文本为"富文本"，如图 11 –26 所示。点击"编辑文本"按钮，在弹出的界面中插入 FontAwesome 图标字体中的"✔"，并在右侧文字样式中设置为绿色，如图 11 –27 所示。

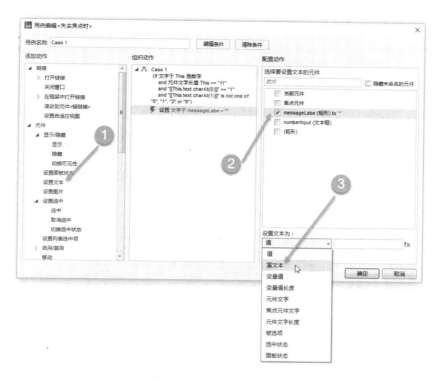

图 11－26　设置显示信息

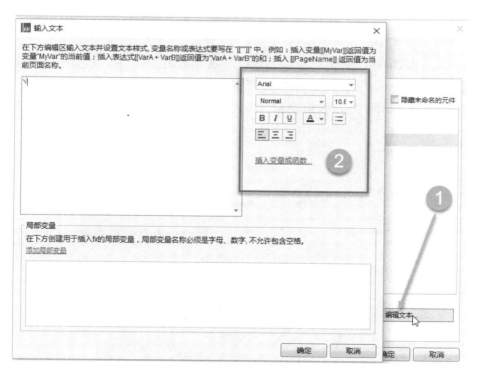

图 11－27　设置提示文本信息

步骤7：继续为 numberInput 元件的"失去焦点时"事件添加"用例2"，并重复步骤1至步骤5设置所有条件，完成之后点击"确定"按钮，继续编辑。在用例编辑对话框的添加动作中选择"元件"—"设置文本，在配置动作中勾选 messageLabe 的复选框，设置文本为"富文本"，点击"编辑文本"按钮，在弹出的界面中插入 FontAwesome 图标字体中的"❸"，并在右侧文字样式中设置为橙色；然后，继续输入文字"手机号码输入错误"，并设置颜色为灰色，如图 11－28 所示。但是，如果文本框未输入内容，也会显示格式错误的提示，为了避免这种情况，我们需要为这个用例再添加一个判断条件："元件文件""当前元件""！＝""值"" "（空值），这样，只有在输入了内容并且格式错误时才会给出错误提示。

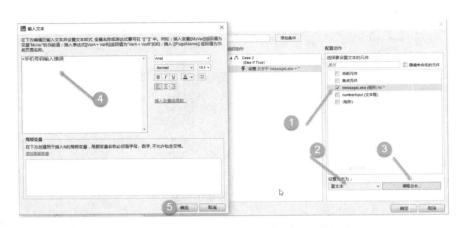

图 11－28　设置手机号码输入格式错误时提示信息

步骤8：为 numberInput 元件的"获取焦点时"事件添加"case1"，在用例编辑对话框的添加动作中选择"元件"—"设置文本"，在配置动作中勾选 messageLabe 的复选框，设置文本的值为空，如图 11－29 所示。图 11－30 所示为完成用例状态，图 11－31 所示为效果预览。

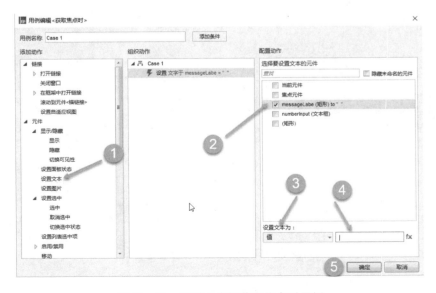

图 11－29　设置文本框获取焦点时用例

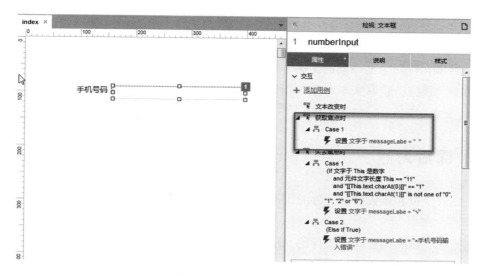

图 11 – 30　完成用例状态

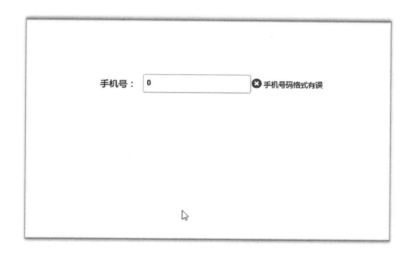

图 11 – 31　效果预览

制作文本框元件条件验证需要注意以下三点：

①This：表示当前元件对象，指事件交互所在的元件；

②text：获取元件对象上当前的文字，使用方法"［［元件对象 . text］］"；

③charAt（参数）：获取文本对象中指定位置的字符，参数为数值，位置从 0 开始计算，使用方法"［［文本对象 . charAt（参数）］］"。

4. 课后习题

（1）在插入变量和函数时，元件的 This 属性是指什么？

（2）在插入变量和函数时，元件的 target 属性是指什么？

（3）在 Axure RP 中，字符串函数 charAt 需要提供什么参数？它的作用是什么？

（4）在 Axure RP 中，字符串函数 length 的作用是什么？

（5）请说明下列布尔运算符的作用。

　　＝ ＝

　　！ ＝

　　＞ ＝

　　＜ ＝

第十二章 打分评价效果制作

■ 1. 应用场景

　　打分和对商品进行评价是网站中常见的一种交互功能，例如大众点评网中对餐饮的评价，淘宝网、京东商城等电商对商品和物流的评价等。一般要求对商品输入一段文字进行描述，同时通过红星、红心等形状对商品或者服务进行 1 至 5 分的打分，用户鼠标在代表分数的形状上移动时，分值随之发生变化，按鼠标左键后即确认评分。

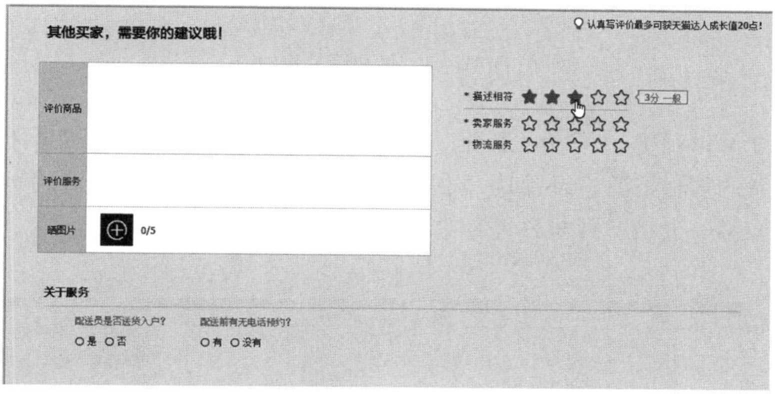

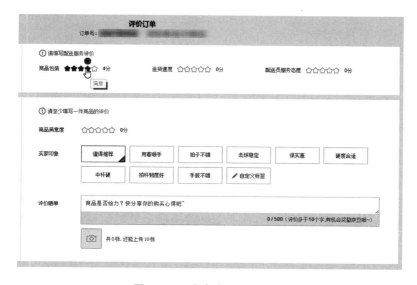

图 12 - 1　淘宝网商品评价

图 12 - 2　京东商城商品评价

▋ 2. 制作过程

下面以淘宝网商品评价效果的制作为例，具体的制作步骤如下：

步骤1： 准备如图12-3所示的6张图片，第一张表示用户没有进行任何评价的效果，其他依次为评价1、2、3、4、5五个分数的效果。

图12-3　星星图片素材

步骤2： 启动Axure RP pro 7.0，新建一个项目，在index页面从元件库面板拖入一个动态面板元件，根据准备的素材情况，设置其大小属性为宽度220px，高度30px，命名为"评分"，插入六个状态页面，第一个状态页面命名为"zero"，如图12-4所示。

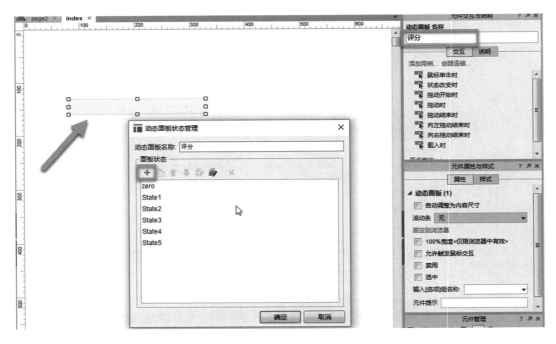

图12-4　插入动态面板

步骤3：从 Axure RP 菜单栏依次选择"项目"—"全局变量"，打开全局变量管理对话框，添加一个全局变量 *score*（初始值为 0），用来保存用户交互时选择的分值，如图 12 – 5 所示。

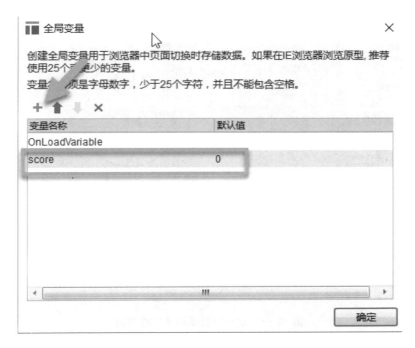

图 12 – 5　定义全局变量

步骤4：双击"评分"动态面板的 zero 页面进入编辑状态，拖入一个 image 元件，双击元件导入 0 分背景图片，导入时选择合适大小。从元件库面板拖入一个热区元件，命名为"一分"，调整大小正好覆盖背景图片中的第一颗星，如图 12 – 6 所示。

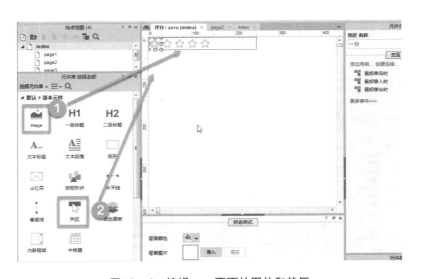

图 12 – 6　编辑 zero 页面的图片和热区

步骤 5：选中"一分"热区，在元件交互面板中选择"鼠标单击时"事件，在用例编辑对话框中，添加动作选择"全局变量"—"设置变量值"，在配置动作中选择自定义的 *score* 变量前的复选框，在设置全局变量类型下拉列表框中选择"值"类型，输入数字 1，如图 12-7 所示。

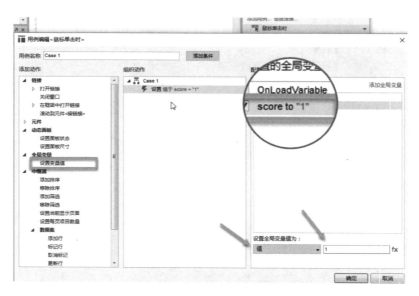

图 12-7　编辑热区鼠标单击时用例

步骤 6：继续编辑图像热区元件用例，在交互面板中点击"鼠标移入时"事件，在用例编辑对话框的添加动作中选择"元件"—"动态面板"—"设置面板状态"，在配置动作中选择 Set 评分，在选择状态下拉列表框中选择 State1，即鼠标移动到"一分"热区上时显示一分面板状态，如图 12-8 所示。

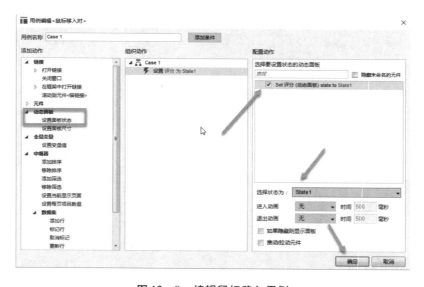

图 12-8　编辑鼠标移入用例

步骤7：继续添加热区图像的"鼠标移出时"事件用例，在用例编辑对话框中选择"编辑条件"按钮，在条件设立对话框中设立条件为 *score* 变量的变量值等于 0，如图 12 – 9 所示；条件成立时添加切换动态面板动作，使得评分动态面板的状态切换到 zero，即 0 分状态，如图 12 – 10 所示。

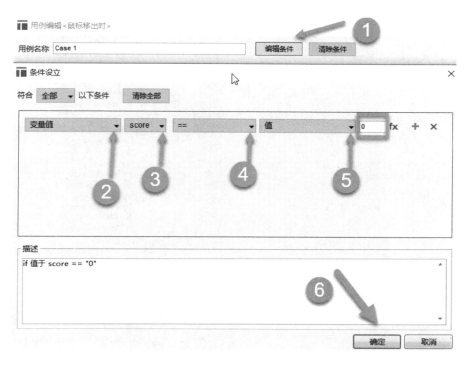

图 12 – 9　添加鼠标移出动态面板切换条件

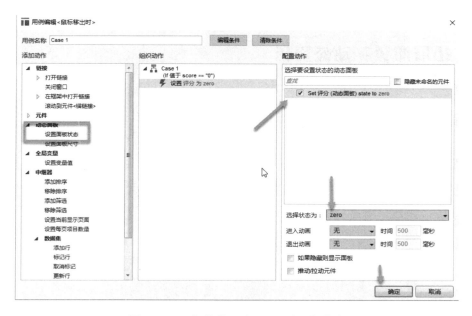

图 12 – 10　条件成立时显示 0 分面板状态

步骤 8：继续添加"鼠标移出时"事件用例，用例名分别为 Case2、Case3、Case4、Case5、Case6，条件分别判断 *score* 变量的值，根据变量值分别将评分动态面板切换到对应分值的面板状态，如图12 – 11 所示。

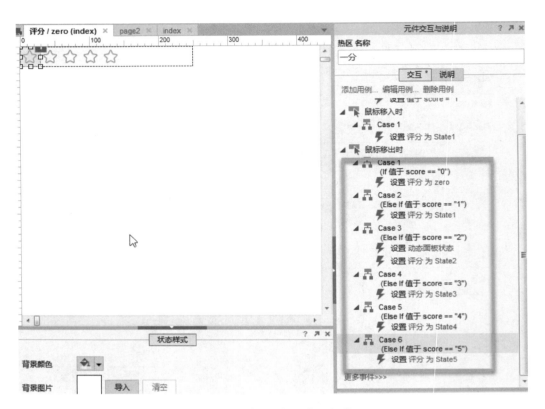

图 12 – 11　热区鼠标移出用例效果

3. 拓展阅读：动态面板

3.1　简介

动态面板可以简单地理解为一个相册，动态面板的每一个 State（状态）相当于相册里的一页。相册里的照片可以增加、减少，相应地，动态面板的 State 也可以增加、减少、显示、隐藏。

图 12 – 12　动态面板元件

3.2　动态面板的创建

（1）直接创建：在元件库面板中拖动"动态面板"到 index 页面，即创建成功。

（2）将其他元件转换为动态面板：选择相应的元件，单击鼠标右键，选择"转换为动态面板"即转换成功，如图 12 – 13 所示。

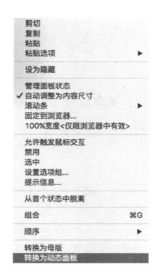

图 12 – 13　转换为动态面板

3.3 动态面板的状态管理

在 index 页面上双击创建好的动态面板，即可弹出动态面板状态管理窗口，如图 12 - 14 所示。

图 12 - 14 动态面板的状态管理窗口

在图 12 - 14 所示的动态面板状态管理窗口中，1 为新增一个空白动态面板，2 为复制并新增一个动态面板（内容也一起复制），3 的箭头用来调整动态面板的顺序，4 表示编辑选中的动态面板状态，5 表示编辑所有的动态面板状态，6 表示删除选中的动态面板状态，7 为动态面板状态列表。

3.4 动态面板的样式

在 Axure RP 右上角即可看到"检视：动态面板"，点击"样式"，如图 12 - 15 所示。

图 12 - 15　动态面板的样式

3.5　动态面板的属性

在 Axure RP 右上角即可看到"检视：动态面板"，点击"属性"，如图 12 - 16 所示。

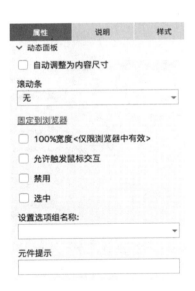

图 12 - 16　动态面板的属性

需要说明的是，如果对动态面板不同状态中的部件设置了"鼠标悬停时""鼠标按下时"等交互样式，勾选"允许触发鼠标交互"，当鼠标指针接触到动态面板的范围时，就会触发该元件的交互。

4. 课后习题

（1）简述 Axure RP 的动态面板元件如何调整面板状态的顺序。

（2）如图 12 - 17 所示，在条件设立时，选择"之一"，简述如何输入"自定义选项"。

图 12 - 17　条件设立

（3）在如图 12 - 18 所示的用例条件中，"and"表示什么？

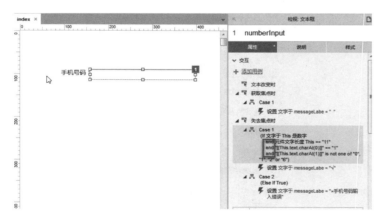

图 12 - 18　用例条件

第十三章　威锋网导航效果制作

1. 应用场景

图 13 – 1　威锋网导航界面

威锋网是国内著名的 iOS 系统及苹果硬件技术交流和资源分享网站，其首页如图 13 – 1 所示。导航栏采用水平菜单置顶方式，简洁大方，易于查找。当用户鼠标移动到某个导航链接时，相应导航图标和文字变成蓝色，蓝色导航焦点指示滑块滑动到相应链接下方；当鼠标移出导航栏区域时，蓝色滑块自动滑到第一个导航链接下方。在滑块滑动过程中，当滑行到位置时，有一个微小的回弹动效。

2. 制作过程

威锋网导航栏制作的步骤如下：

步骤 1：使用截图工具，将威锋网导航栏要用到的图标截取下来，作为后续制作的素材。

步骤 2：启动 Axure RP pro 7.0，新建项目文件并保存。在页面属性区中，将页面颜色设置为灰色，如图 13 – 2 所示。

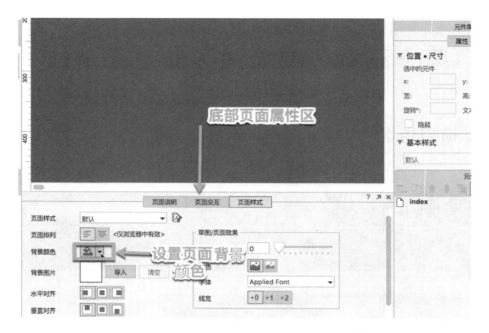

图 13 - 2　设置页面颜色

步骤 3：从元件库面板中拖放一个 image 元件到页面中，命名为"首页"；调整元件的大小为 64px×64px，位置为 x：50px，y：100px，如图 13 - 3 所示。

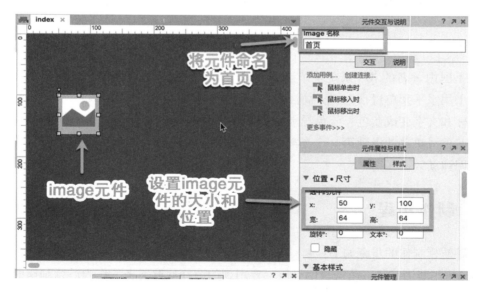

图 13 - 3　插入图像元件

步骤 4：双击 image 元件，打开图像选择对话框，选择准备好的"首页"图片；在弹出的确认对话框中选择"No"，保持元件的大小，让图片适应元件，如图 13 - 4、13 - 5 所示。

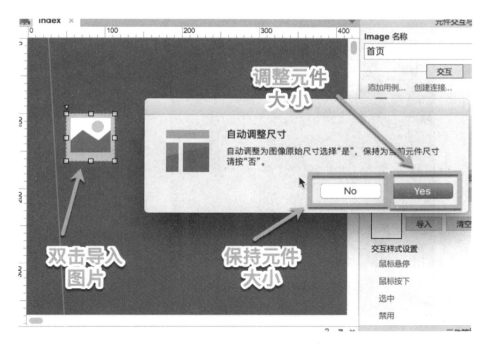

图 13 - 4　导入图片设置

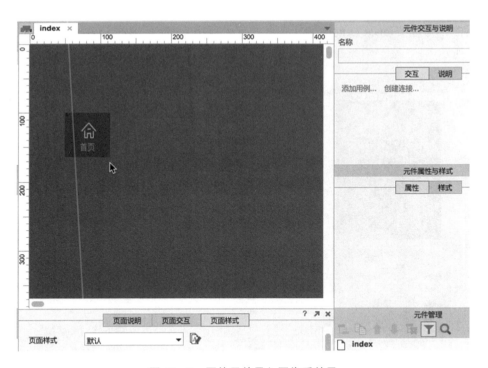

图 13 - 5　图片元件导入图像后效果

步骤 5：重复步骤 3 和步骤 4，导入"新手"图片，制作另一个导航项，如图 13 - 6 所示。

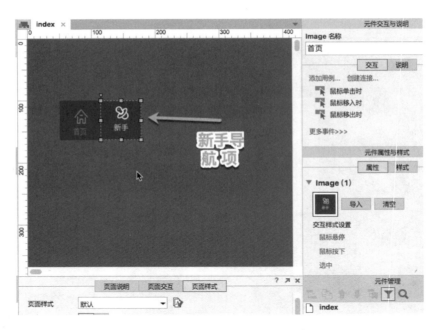

图 13 - 6 插入一个新 image 元件

　　步骤 6: 选中新手 image 元件,在元件属性与样式面板中,点击"鼠标悬停"命令,打开交互样式对话框,勾选"image"前面的复选框,导入新手 image 元件鼠标移入时显示的图片状态,如图 13 - 7 所示。

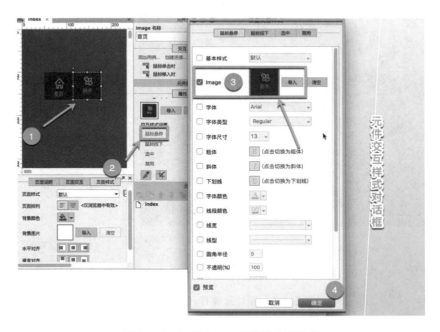

图 13 - 7　设置 image 元件的交互样式

步骤7：从元件面板库拖放一个水平线元件，位置为 x：50px，y：174px，紧贴首页图片元件下方，设置线段长度为 64px，宽度选最宽线型，颜色为蓝色，命名为"指示游标"，如图 13 - 8 所示。

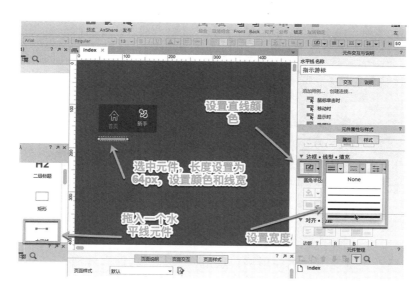

图 13 - 8　插入直线元件

步骤8：拖放一个矩形元件到页面中，高度设置为 64px，宽度覆盖整个导航条；设置矩形的线条宽度为无，填充项为不填充，命名为"导航范围"，如图 13 - 9 所示。

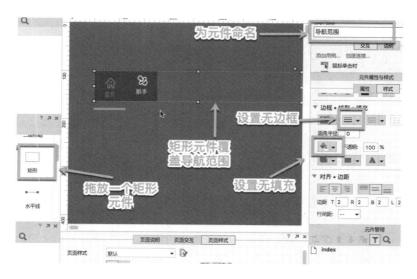

图 13 - 9　插入导航范围

步骤9：选中新手图片元件，在交互面板中点击"创建连接"命令，将链接指向 page1 页面，如图 13 - 10 所示。

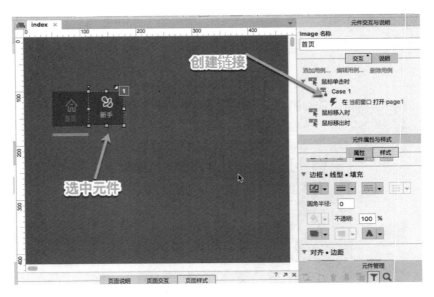

图 13 – 10　创建导航链接

步骤 10：继续设置新手图片元件用例，点击"鼠标移入时"事件，打开用例编辑对话框；在添加动作列表框中选择"元件"—"移动"，在配置动作中选择移动对象为"指示游标"元件，移动方式选择"绝对移动"，移动到 y 值输入"174"（指示游标元件水平移动，y 值不变）；动画方式选择"线性"，持续时间输入 200 毫秒，如图 13 – 11 所示。

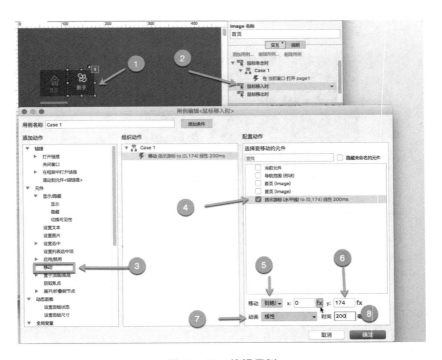

图 13 – 11　编辑用例

点击 x 动作值文本框旁边的 fx 函数命令，打开编辑值对话框，在对话框中选择"插入变量或函数"命令，选择"元件"—"x"，按"确定"，关闭编辑值对话框，如图 13 – 12 所示。

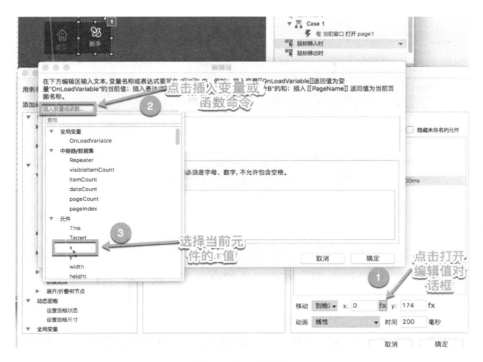

图 13 – 12　编辑值

继续为指示游标添加一个移动动作，移动方式选择"相对"，y 值为 0，x 值为 – 10，动画方式选择"线性"，持续时间为 50 毫秒；该设置主要实现指示游标线段移动到位后回弹 10 个像素，实现运动动效；设置完成后，点击"确定"按钮关闭用例编辑对话框，如图 13 – 13 所示。

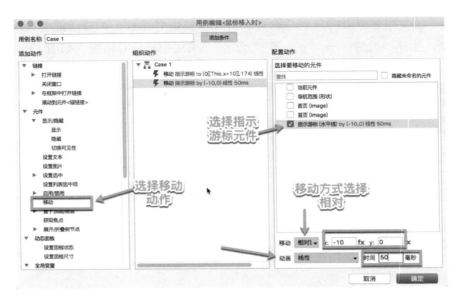

图 13 – 13　添加指示游标动效

步骤 11：选中导航范围矩形元件，在交互面板中选择"鼠标移出时"事件，打开用例编辑对话框；在添加动作类型中选择"元件"—"移动"，在配置动作中选择指示游标复选框，移动方式选择绝对位置，x 值输入"50"，y 值输入"174"（该位置为指示游标元件在首页导航图片下方的正常位置），动画类型选择"线性"，持续时间输入 100 毫秒，如图 13 – 14 所示。

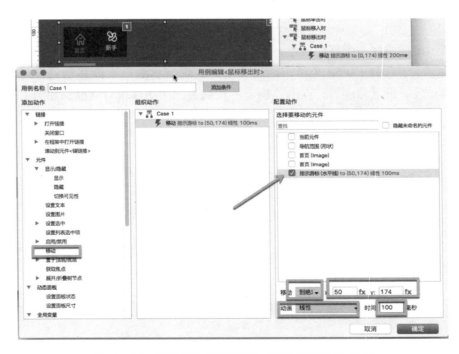

图 13 – 14　编辑导航范围元件的"鼠标移出时"用例

步骤 12：选中新手图片元件，按住 Ctrl 键（Mac 系统按住 Alt 键），拖动鼠标复制出多个图片导航元件，双击把相应的图片元件替换成正确的图片即可，如图 13-15 所示。

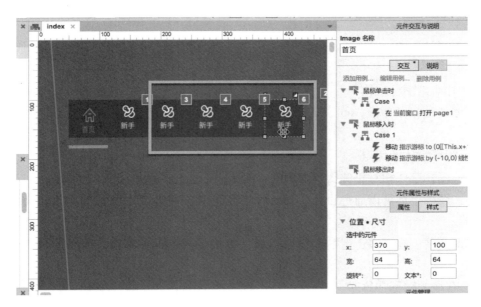

图 13-15　复制出其他导航条导航元件

步骤 13：保存项目文件，按 F5 键预览效果，如图 13-16 所示。

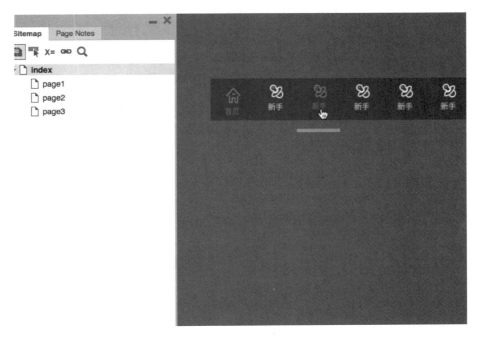

图 13-16　预览项目效果

▌ 3. 拓展阅读：图标字体和 HTML 文件生成

3.1 图标字体

3.1.1 什么是图标字体

图标字体就是在做手机 App 或 Web 项目时为了能方便控制图标的大小、颜色等属性而将图标字体化。

3.1.2 图标字体的优点

轻量性：图标字体相对于纯图片占用的空间要小，加载的速度快。

灵活性：图标字体可以通过设置字体大小、颜色等方便地改变图标的大小和颜色，不需要频繁更换图片。

资源丰富：网上有很多免费的图标字体库，提供的图标十分丰富，能够满足绝大多数的开发需求。

3.1.3 在线的图标字体库

FontAwesome：为 Bootstrap 而生，应该是最广为人知的图标库，如图 13 – 17 所示。

图 13 – 17　FontAwesome 网站

IcoMoon：提供了很多 Icon Packs 可以选择性下载，如图 13 – 18 所示。

图 13 - 18　IcoMoon 图标字体网站

阿里巴巴矢量图标库：阿里出品，海量图标随意选择和下载，如图 13 - 19 所示。

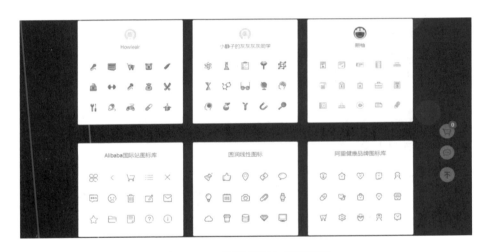

图 13 - 19　阿里巴巴矢量图标库

3.1.4　在 Axure RP 中使用图标字体

在 Axure RP 中使用图标字体，避免了使用纯图片带来的一系列问题：如想改变图片颜色，需要重新导入新的图片；想改变大小可能会导致图片失真等。在 Axure RP 中使用字体图标的步骤如下（以 FontAwesome 为例）：

（1）下载 FontAwesome。

（2）双击安装解压后的 fonts 文件夹下的 fontawesome - webfont. ttf 字体文件。

图 13 - 20　安装字体

（3）安装完成。如果此时 Axure RP 打开着，需要进行重启，重启后的 Axure RP 将会自动载入新的 FontAwesome 字体。

（4）借助 Word 将 FontAwesome 的矢量图片复制到 Axure RP 中。

①在 Word 中点击"插入"—"符号"—"其他符号"。

②字体选择 FontAwesome（安装完字体文件，Word 中就有该字体），如图 13 - 21 所示。

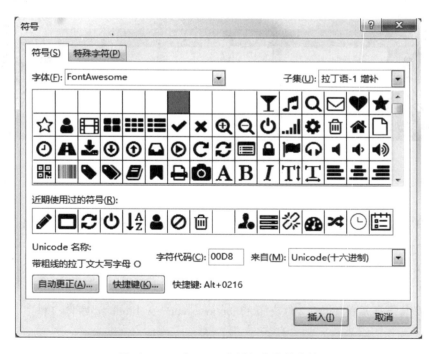

图 13 - 21　在 Word 中插入安装的字体

③插入 Word 中，然后复制到 Axure RP 中。

④出现以下状况，请选择 FontAwesome 字体，如图 13 – 22 所示。

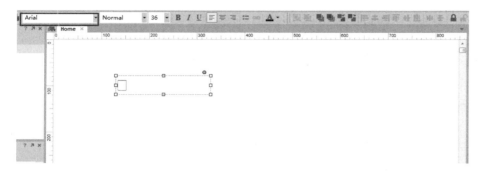

图 13 – 22　在 Axure RP 中插入 FontAwesome 字体

⑤正常显示如下，可随意更改大小及颜色，如图 13 – 23 所示。

图 13 – 23　更改字体颜色、大小

3.1.5　在 Axure RP 中使用图标字体的第二种方式

在用 Axure RP 做原型设计时常常需要用到图标，常用的方法就是采用网络上分享出来的部件库。但是这种部件库的 icon 一般是图片，当颜色与当前原型色调不一样的时候，就不能用了。而且 icon 常常表示状态，不同的状态需要不同的颜色，用图片做原型 icon 就不合适了。后来出现了一个神器——字体 icon，每个 icon 其实就是一个文字，更改文字颜色和大小非常方便。具体步骤如下：

步骤 1：字体安装。

①下载完字体之后，解压压缩文件，选择 font 文件夹。

		文件夹	
css		文件夹	2013/6/26 11...
font		文件夹	2013/6/26 11...
less		文件夹	2013/6/26 11...
scss		文件夹	2013/6/26 11...

图 13 - 24　字体安装

②双击字体文件，进入字体安装页面。

名称	大小	压缩后大小	类型	修改时间	CRC32
			文件夹		
FontAwesome.otf	61,896	49,775	OpenType 字体...	2013/6/26 11...	BAD64D...
fontawesome-webfont.eot	37,405	37,354	EOT 文件	2013/6/26 11...	6EDC7B...
fontawesome-webfont.svg	197,829	54,806	SVG 文档	2013/6/26 11...	16F93C37
fontawesome-webfont.ttf	79,076	43,375	TrueType 字体文件	2013/6/26 11...	C0B496F9
fontawesome-webfont.woff	43,572	43,550	WOFF 文件	2013/6/26 11...	68D93C...

图 13 - 25　字体安装页面

③在页面中确认安装。

图 13 - 26　确认安装

④安装成功后，就可以在 Axure RP 字体选择中看到 FontAwesome 了。

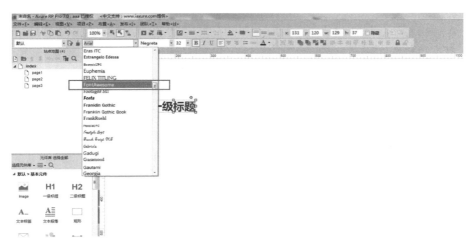

图 13 – 27　安装成功

步骤 2：载入字体库。在使用的时候，我们往往不知道怎么下手。怎样打出这样一个个图标呢？这个时候你可以选择到 FontAwesome 官网上一个个找，找到后复制粘贴就可以了。但是这样做效率低。我们可以将字体一个个拆分，做成部件，这样使用就很方便了。字体部件库安装方式如下：

①载入部件库，在 Axure RP 中选择"载入元件库"。

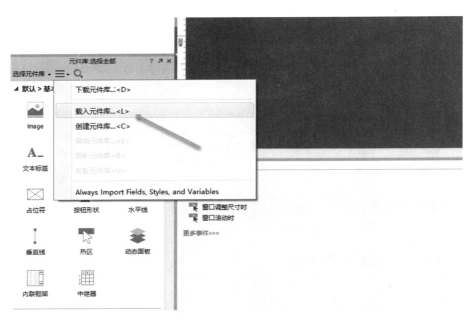

图 13 – 28　载入元件库

②找到需要的 . rplib 文件，并进行安装。

图 13 – 29　安装 . rplib 文件

③使用时，在元件库中选择"选择全部"—"FontAwesome 4.4.0 图标字体元件库"。

图 13 – 30　选择"FontAwesome 4.4.0 图标字体元件库"

④直接使用，自由更改字体大小、颜色等。

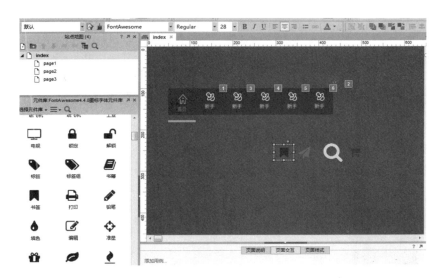

图 13 - 31　更改字体大小、颜色等

步骤 3：生成原型之后，链接 CSS 样式。由于使用了特殊的 FontAwesome 字体，就需要告知网页加载这个字体样式。

①在 Axure RP 发布页面，修改配置文件，如图 13 - 32 所示。

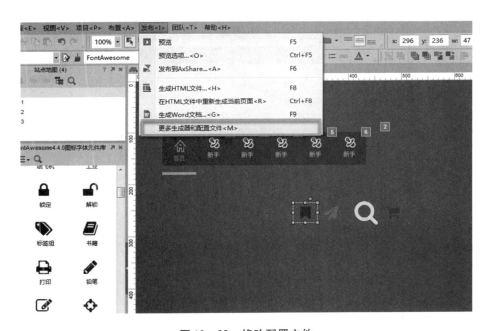

图 13 - 32　修改配置文件

②选择默认的 HTML 样式，如图 13 - 33 所示。

图 13-33   选择默认的 HTML 样式

③在 Web 字体中，新增一个 Web 字体的 CSS 样式，链接地址 https：//cdn. bootcss. com/font -awesome/4. 7. 0/css/font - awesome. css.

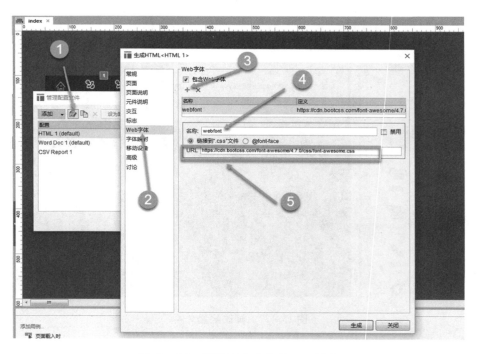

图 13-34   新增 Web 字体的 CSS 样式

这样 FontAwesome 字体就可以正常使用了。

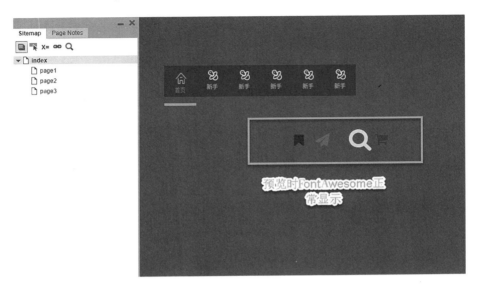

图 13-35   FontAwesome **字体正常使用**

3.2   生成 HTML **文件**

我们在 Axure RP 中操作完后，一般会生成 HTML 文件以供他人阅览，而这时他人的电脑上没有安装指定的字体就会出现图标不显示的问题，其中解决方法如下所示：

步骤 1：引入在线的 CSS 文件。一般的在线图标库会提供 CSS 文件的 CDN 网络地址，需要将 URL 引入到 Axure RP 中。

①在 Axure RP 中使用 CTRL + F5 或点击"发布"—"预览选项"打开选项框；

②点击"配置"，选择"Web 字体"，新增一个 Web 字体，名称为"FontAwesome"，URL 为 CSS 文件的 CDN 地址，即 https：//cdn. bootcss. com/font – awesome/4. 7. 0/css/font – awesome. css，如图 13-36 所示。

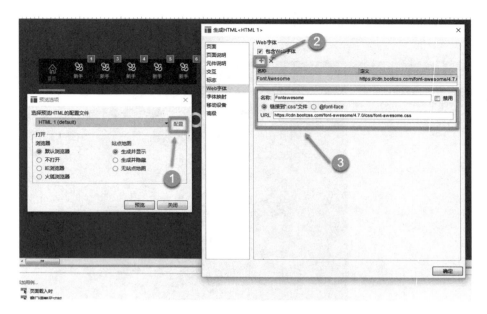

图 13 – 36　URL 为 CSS 文件的 CDN 地址

③生成的 HTML 文件中会引入该 CSS 文件，在任何联网的电脑上都能正常显示图标。

步骤 2：需要联网才能正常显示图标，如果想要本地化，就需要另行配置。

①按步骤 1 中的方法打开 Web 字体配置项，将 URL 修改为本地资源所在位置，如图 13 – 37 所示。

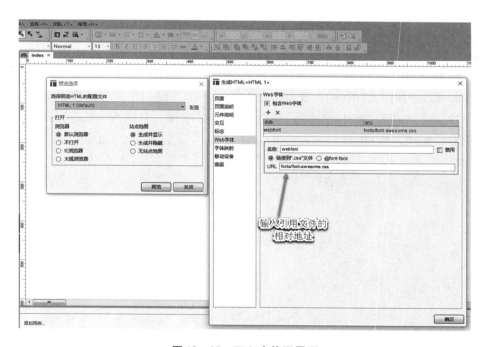

图 13 – 37　Web 字体配置项

②Axure RP 生成的 HTML 结构如图 13-38 所示，CSS 等资源文件都在 resources 文件夹下。

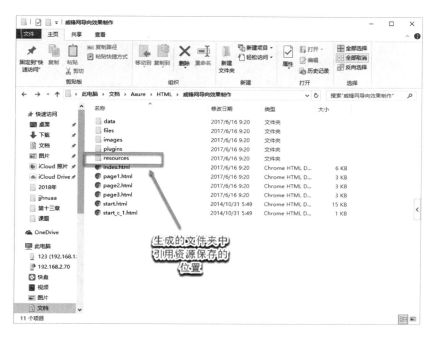

图 13-38　resources 文件夹

③将下载的 FontAwesome 中的 CSS 文件和 Fonts 文件都复制到该文件夹下，以和上面配置的 CSS 文件路径相符。

④注意 CSS 文件和 Fonts 文件的相对路径。

我们在 Axure RP 中的配置主要是为了生成 HTML 文件后能载入 CSS 文件并能正常显示图标；一定要将 CSS 文件和 Fonts 文件都拷贝到生成的 HTML 文件中。如果没有 Fonts 文件，即使有 CSS 文件，仍然不能显示图标。使用其他的图标字体和 FontAwesome 的使用方法一致。

4. 课后习题

（1）在网页中颜色有哪些模式？

（2）从网页上截图的方法有哪些？

（3）什么是图标字体？它与使用图片比较有哪些优势？

（4）常用的图标字体有哪些？

（5）在 Axure RP 中，如何使动画更加平滑？